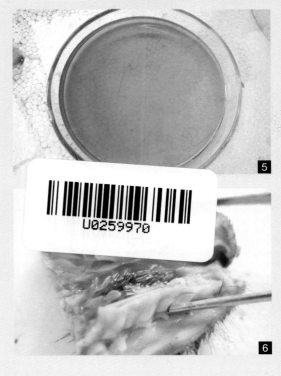

1. 狐犬瘟热：眼睛有眼眵及泪痕（李富金提供）
2. 狐犬瘟热：肺炎变化（李富金提供）
3. 狐犬瘟热：肠道出血及肠黏膜脱落（李富金提供）
4. 貉犬瘟热：肺部病变
5. 貉犬瘟热：尿液呈红褐色
6. 貉犬瘟热：鼻黏膜出血

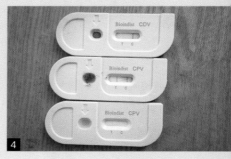

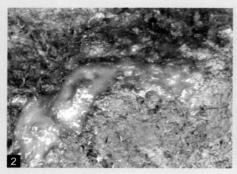

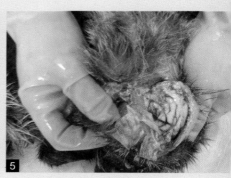

1. 水貂细小病毒性肠炎：胃肠内容物为紫红色血样物质

2. 水貂细小病毒性肠炎：病貂排出的粪便（李富金提供）

3. 水貂细小病毒性肠炎：肠道内绛紫色肠内容物

4. 水貂细小病毒性肠炎检测试纸卡：中间为阳性结果

5. 貂传染性脑炎：脑部出血（李富金提供）

6. 貂传染性脑炎：眼睛呈蓝色（李富金提供）

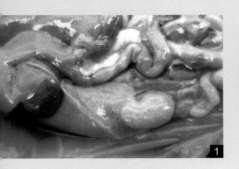

1. 水貂阿留申病：肾脏呈黄色，沉积颗粒样免疫复合物（李富金提供）
2. 水貂阿留申病：肾脏肿大，呈麻雀卵样，表面凹凸不平（李富金提供）
3. 水貂阿留申病：牙龈出血（李富金提供）
4. 狐伪狂犬病：背部毛被自己咬掉（李富金提供）
5. 狐伪狂犬病：死后舌部外露（李富金提供）
6. 貂魏氏梭菌病：胃部溃疡（李富金提供）

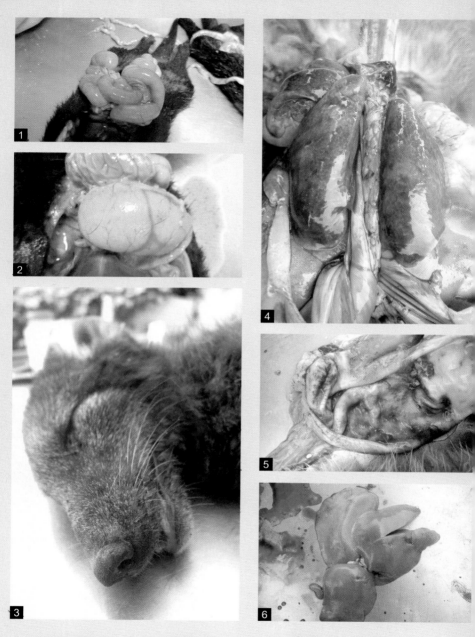

1. 水貂魏氏梭菌病：肠道胀气（李富金提供）
2. 水貂魏氏梭菌病：胃部胀气（李富金提供）
3. 狐巴氏杆菌病：口、鼻流血
4. 狐巴氏杆菌病：肺部出血、膨大
5. 狐巴氏杆菌病：胃部出血
6. 狐巴氏杆菌病：肝脏土黄色、肿大、出血

毛皮动物疾病防治实用技术

MAOPI DONGWU JIBING FANGZHI SHIYONG JISHU

刘吉山　姚春阳　李富金　主编

中国科学技术出版社
·北 京·

图书在版编目（CIP）数据

毛皮动物疾病防治实用技术 / 刘吉山，姚春阳，李富金主编．
—北京：中国科学技术出版社，2017.6
ISBN 978-7-5046-7491-3

Ⅰ.①毛… Ⅱ.①刘… ②姚… ③李… Ⅲ.①毛皮动物—
动物疾病—防治 Ⅳ.① S858.92

中国版本图书馆 CIP 数据核字（2017）第 094842 号

策划编辑	王绍昱
责任编辑	王绍昱
装帧设计	中文天地
责任校对	焦　宁
责任印制	徐　飞

出　　版	中国科学技术出版社
发　　行	中国科学技术出版社发行部
地　　址	北京市海淀区中关村南大街16号
邮　　编	100081
发行电话	010-62173865
传　　真	010-62173081
网　　址	http://www.cspbooks.com.cn

开　　本	889mm×1194mm　1/32
字　　数	145千字
印　　张	6.25
彩　　页	4
版　　次	2017年6月第1版
印　　次	2017年6月第1次印刷
印　　刷	北京威远印刷有限公司
书　　号	ISBN 978-7-5046-7491-3 / S·647
定　　价	20.00元

本书编委会

主 编

刘吉山　姚春阳　李富金

副主编

李书光　褚仁忠　谢之景　张松林

编著者

任艳玲　谢金文　莫　玲　张含侠

王金良　管　宇

Preface 前言

　　水貂、狐、貉是目前世界上广泛饲养的珍贵毛皮动物，其毛皮是各种高档时装的珍贵面料。随着国人生活水平的提高，人们对高档服装的需求日益增多，毛皮动物养殖业的发展具有广阔的市场前景。

　　我国毛皮动物产业近些年有了较大发展，规模化程度逐渐提高，外来引种越来越频繁，饲养品种越来越丰富，极大地丰富了养殖品种资源及规模，同时也带来一些安全隐患，疾病防控越来越难：一些新病对毛皮动物的危害也越来越突出，水貂阿留申病、水貂出血性肺炎、水貂嗜水气单胞菌病、狐阴道加德纳氏菌等疫病给毛皮动物养殖造成了极大的损失，很大程度上影响了养殖户的积极性；老病未消除并出现非典型性症状，病毒变异等给诊断带来了极大的困难。另外，临床诊疗技术也出现了较大的变化，一些新兽药、新疫苗、新方法、新技术也应运而生，在一定程度上减少了疫病变化带来的经济损失。为了能及时总结毛皮动物养殖业疫病防控的一些新动态、新技术、新成果，笔者在参阅了大量文献基础上，编写了《毛皮动物疾病防治实用技术》一书，希望能对饲养者及兽医临床工作者有所裨益。

　　本书结合水貂、狐、貉疫病防治最新进展，内容包括：

毛皮动物疾病诊疗基础知识、兽场常用药物及生物制品的选择与应用、消毒剂的选择与应用、规模化兽场生物安全体系的建立、毛皮动物常见病的诊断与治疗等。该书浅显易懂、图文并茂，不失为广大毛皮动物养殖场主及兽医技术人员的良师益友。

　　本书在编写过程中得到了山东省滨州畜牧兽医研究院院长沈志强研究员的大力协助与指导，在本书即将出版之际，向其表示衷心的感谢，书中引用了一些资料和文献，在此向相关作者及人员一并表示感谢。

编 著 者

Contents 目 录

第一章
毛皮动物疾病诊疗基础

第一节　毛皮动物常见疾病

根据毛皮动物（狐、貂、貉）疾病发生的原因可分为传染病、寄生虫病、普通病和遗传性疾病四大类。

一、传 染 病

（一）传染病的概念及分类

传染病是指由致病微生物（即病原微生物）侵入机体而引起的具有一定潜伏期和临床表现，并能够不断传播给其他个体的疾病。细菌、病毒等病原微生物经消化道、呼吸道、皮肤伤口、吸血昆虫叮咬及配种等途径侵入动物体内，并在一定的部位定居、生长繁殖，在动物体质弱、抵抗力差时，则引起不同类型的传染病。传播快、病程短、病状剧烈、死亡率高的为急性传染病；还有些病程长、病状不明显的为慢性传染病。传染病在毛皮动物临床上最常见，一旦发生，常会造成严重的经济损失，而且有些传染病会传播给人，危害人类的健康。预防和控制毛皮动物传染病的发生，不仅有利于促进我国毛皮动物产业链的健康发展，而且有利于无公害毛皮动物产品的生产与供给，保护人类自身安全和健康。

毛皮动物对许多病毒和致病菌很敏感。常见的传染病有以下四大类。

1. 病毒性传染病　如犬瘟热、狂犬病、伪狂犬病（阿氏病）、细小病毒病、冠状病毒病、副流感病毒感染、痘病、阿留申病等。

2. 细菌性传染病　如链球菌病、巴氏杆菌病（出血性败血症）、大肠杆菌病、沙门氏菌病（副伤寒）、双球菌病（双球菌败血症）、布鲁氏菌病、阴道加德纳氏菌病、李氏杆菌病、假单胞菌病、结核病、魏氏梭菌病、坏死杆菌病、炭疽、破伤风等。

3. 真菌性传染病　如皮肤真菌病（脱毛癣、秃毛癣、钱癣、皮肤真菌病）等。

4. 钩端螺旋体病　如出血性黄疸、传染性黄疸。

（二）传染病流行基本条件

动物传染病在动物之间或动物与人之间传播流行，需具备3个条件，即传染源、传播途径及易感动物。当这3个条件同时存在并相互联系时就会引起传染病的发生和流行。

1. 传染源　是指某种传染病的病原体在其中寄居、生长、繁殖，并能排出体外的动物机体，即受感染的动物，包括患病动物和带菌（毒）动物。动物受感染后，可以表现为患病和携带病原两种状态，因此传染源可以分为两种类型。

（1）患病动物　是指处于不同发病期的动物。是传染病主要的传染源。尤其是处于前驱期和症状明显期的动物，由于此时排出的病原体数量大、次数多、传染性强，是最重要的传染源。临床症状不典型或病程较长的慢性传染病，患病动物病原体的排出具有长期性和隐蔽性，也是危险的传染源。

（2）病原携带者　是指外表无临床症状但携带并排出病原体的动物。病原携带者排出病原体的数量一般不及患病动物，但因缺乏症状不易被发现，有时可成为十分重要和危险的传染源。消灭和防止引入病原携带者是传染病防治的主要工作之一。

2. 传播途径　病原体由传染源排出后，经一定的方式再侵入其他易感动物所经的途径称为传播方式。传播方式可分为两大类：一是水平传播，即传染病在群体之间或个体之间以水平形式横向平行传播；另一类是垂直传播，即从亲代到其子代之间的纵向传播形式。

　　水平传播又可分为直接接触传播和间接接触传播两种。直接接触传播是指在没有任何外界因素的参与下，病原体通过传染源与易感动物直接接触（交配、舐咬等）而引起的传播方式。例如狂犬病只有在动物被发病动物直接咬伤时才有可能发生。间接接触传播是病原体在外界环境参与下，通过传播媒介使易感动物被传染的方式。从传染源将病原体传播给易感动物的各种外界环境因素称为传播媒介，如吸血昆虫。

　　病原体由传染源排出后，经一定的方式再侵入其他易感动物所经的途径称为传播途径。研究传染病传播途径的目的在于切断病原体继续传播的途径，防止易感动物受传染，这是控制传染病的重要环节之一。传播媒介可以是生物，如昆虫、鸟类等；也可以是非生物物质，如空气、土壤、饲料、饲养用具、运输工具、粪便等。单独由直接接触传播的疫病很少，大多数疫病以间接接触传播为主。

　　3. **易感动物**　易感性是指动物对某种病原体感受性的大小和程度。对某种病原体缺乏免疫抵抗力、容易感染的动物称为易感动物。病原体只有侵入对该病原体具有易感性的动物体内，才能引起疫病的发生和流行。动物易感性的高低虽与病原体的种类和毒力强弱有关，但主要还是由动物机体的遗传特征、特异性免疫状态、非特异性免疫力等因素决定的。外界环境条件如气候、饲料、饲养管理、卫生条件等因素都可能直接影响动物的易感性和病原体的传播。

二、寄生虫病

　　寄生虫病是由各种寄生虫侵入机体内部或侵害体表而引起的一类疾病。寄生虫是广泛分布于自然界中的一类低等动物，大致分为两类：一类寄生在体外的叫外寄生虫，如疥螨、耳螨、毛虱等；另一类寄生在体内的叫内寄生虫，如弓形虫、旋毛虫、附红细胞体、蛔虫、吸虫、绦虫等。在临床上，毛皮动物寄生虫病的传染和发生比较普遍，有的能引起严重的疾病，并导致死亡，如弓形虫病、貉滴虫性肠炎；有的虽不引起严重的疾病，常常表现为带虫者或亚临床症状，如旋毛虫病、蝇蛆病等。

寄生虫病属于慢性疾病，多数寄生虫病不像病毒病、细菌病等传染病危害严重，其对毛皮动物的危害主要是毒素作用、吸取营养、机械损伤和带入病原引起继发感染。毛皮动物一旦感染寄生虫病，就会导致机体抵抗力下降，容易感染其他疾病，造成严重后果。寄生虫的长期侵袭会使毛皮动物精神不振、食欲减退、营养不良，即使饲料供应良好，生长发育也不良，甚至消瘦、贫血。寄生虫病对毛皮动物幼仔影响更大，常造成腹泻，严重者死亡。外寄生虫如疥癣病还直接影响毛皮品质，造成严重损失。因此，做好寄生虫病防治工作对保证毛皮动物健康和提高经济效益具有重要意义。在科学饲养的同时，应采取综合的防治措施。目前，定期驱虫是预防毛皮动物寄生虫病的主要措施。

常见的寄生虫病有以下五类：①原虫病。如弓形虫病、焦虫病（巴贝斯虫病）、球虫病、貉滴虫性肠炎等。②吸虫类寄生虫病。如日本血吸虫病、后睾吸虫病、次睾吸虫病、假端盘吸虫病等。③绦虫类寄生虫病。如绦虫病等。④线虫类寄生虫病。如鞭虫病、钩虫病、蛔虫病、旋毛虫病。⑤外寄生虫病。又称皮肤寄生虫病如毛虱病、螨虫病、蝇蛆病、硬蜱病等。

其中，弓形虫病是危害毛皮动物最严重、感染范围最广泛的一种寄生虫病，各品种和各年龄的狐、貂、貉对弓形虫都有易感性，亦可引起人和其他温血动物发病。该病在世界范围内广泛分布，其感染率有逐年上升趋势，严重威胁人类和动物的生命健康。弓形虫对中间宿主要求不严格，哺乳动物、鸟类、爬行类、鱼类和人类都可以成为它的中间宿主。本病没有严格的季节性，但以秋冬和早春发病率最高，可能与寒冷、妊娠等导致机体抵抗力下降有关。猫在7～12月份排出卵囊较多，此外，温暖、潮湿地区感染率较高。

三、普通病

普通病（非传染病）是由一般性致病因素引起的一类疾病。常见的病因有创伤、冷、热、化学毒物和营养缺乏等。临床上比较重要和常见的毛皮动物普通病有营养代谢病、中毒性疾病、内外科及其他病等。

1. 营养代谢病 是指主要因饲养管理不善或其他慢性疾病所引起的，以机体营养不良或代谢异常为主要表现的一些疾病，如维生素缺乏症、矿物质代谢病、微量元素缺乏症等。

2. 中毒性疾病 是指由各种有毒物质通过各种途径进入动物机体而引起的疾病，如食盐中毒、肉毒梭菌毒素中毒、农药中毒、亚硝酸盐中毒、霉菌毒素中毒等。

3. 内外科及其他病 如内科病的胃肠炎、急性胃扩张、肠变位、腹泻、日射病和热射病等；外科病的创伤、骨折、直肠脱出、赫尔尼亚（疝）等；产科病的难产、流产、乳房炎、子宫内膜炎、不孕症、生殖器炎症、子宫脱垂、胎衣停留等；其他病如自咬症、尿结石等。

四、遗传性疾病

遗传性疾病（遗传病）是指由于遗传因素如染色体异常等所致的一类先天性疾病，如脑水肿（大头病）等。

第二节 临床检查

毛皮动物疾病临床诊断首先需要经视诊、触诊、叩诊、听诊、嗅诊等方法进行详细的表观检查，然后解剖检查，并采集病料进行实验室相关检测，综合判定疾病的性质和类别，并提出可能性的诊断，为采取有效的防治措施、制定合理的饲养管理方案提供强有力的保证。

一、健康毛皮动物临床表现

1. 外观　健康毛皮动物精神饱满，眼睛明亮有神，体表完整无损，被毛平顺、浓密、有光泽而富弹性，按时脱换毛，皮肤致密、结实而富有弹性，体躯各部均匀，肌肉丰满，骨骼不外露，用手触摸背脊，背肉丰厚，不易分辨脊骨，行动灵活，站立、躺卧姿势自然而协调，发育迅速，进食旺盛，耳朵转动灵活，耳、眼、口、鼻、肛门、阴门处（天然孔）无分泌物，干净，干燥，无污秽。

2. 毛皮动物的生理参数

（1）狐　正常体温39.3℃（38.8～39.6℃），脉搏60～110次/分，呼吸频率29次/分（21～30次/分）；幼龄狐的正常体温39.5℃（39.2～39.8℃），脉搏60～110次/分，呼吸频率21～30次/分。幼龄狐一般9～10个月达到性成熟。赤狐每年1～3月份交配，妊娠期60天，平均每胎产仔5～6只。沙狐也是1～3月份发情交配，妊娠期60天，每胎产仔3～5只。银黑狐1～3月份发情配种，妊娠期51～53天，平均每胎产仔4～5只。北极狐2～5月份发情交配，平均每胎产仔8～10只，在笼养条件下有产22只的记录。赤狐的寿命为8～12年，繁殖年限4～6年。银黑狐和北极狐的寿命分别为10～12年和8～10年，繁殖年限分别为5～6年和3～4年。

（2）貉　正常体温38.1～40.2℃，脉搏70～146次/分，呼吸频率23～43次/分。寿命8～16年，繁殖年龄7～10年，繁殖最佳年龄3～5年。貉是季节性繁殖动物，春季发情配种，个别貉可在1月份和4月份发情配种，妊娠期60天左右，平均每胎产仔6～10头，哺乳期50～55天。

（3）水貂　正常体温为39.5～40.5℃。母貂的妊娠周期平均为45～49天，变化范围为37～57天，有的长达83天，个体不同差异很大。不同色型、不同年龄的妊娠期有所不同，经产母貂妊娠期比初产母貂妊娠期短。在野生条件下，大部分水貂的寿命只有1.5～2.5年，个别可达6年以上。家养水貂寿命可达12～15年，有 8～10 年的生殖能力，种用水貂一般可利用年限为 3～5 年。

二、患病毛皮动物临床表现

1. **皮毛**　首先检查皮毛变化，病兽大多被毛粗乱、污浊、光泽暗淡，腹泻病、寄生虫病、慢性消耗性疾病是主要原因。被毛脱落，并呈灰色麸皮样结痂，提示毛虱病、螨病、犬瘟热；被毛蓬乱，常被粪便污染，肛门部被毛污染甚为明显则提示大肠杆菌病、坏死杆菌病、发霉饲料中毒、有机磷农药中毒等。

皮肤检查可见，皮肤缺乏弹性、粗糙，检查皮下有无出血、水肿、炎性渗出、化脓、坏死、色泽等。全身皮肤发炎，有米糠样皮屑脱落提示犬瘟热；颈前淋巴结肿大或水肿提示李氏杆菌病；腹部、背部或其他部位皮肤有皮下化脓病灶，提示葡萄球菌病、痘病、多杀性巴氏杆菌病；母兽乳房和腹部皮肤呈暗紫色或有脓肿，皮下结缔组织化脓，脓汁乳白色或淡黄色油状，提示化脓性乳房炎；皮下组织、浆膜及黏膜黄染、出血，皮肤干裂和坏死，提示钩端螺旋体病；口腔、下颌部和胸前部皮肤坏死并有恶臭，可能患坏死杆菌病，同时注意有无外伤。

2. **躯干、四肢**　检查躯干、四肢有无异样也是判定毛皮动物疾病的重要手段。病兽一般消瘦露骨，触摸脊柱骨凸起似算珠，两旁凹，则可能患寄生虫病或慢性疾病，如球虫病、伪结核病、结核病、慢性巴氏杆菌病、腹泻及螨病等；趾掌红肿，软垫部炎性肿胀呈硬趾症，则可能患犬瘟热；全身痉挛，可能患急性巴氏杆菌病、脓毒败血型葡萄球菌病、球虫病、钙镁缺乏症、维生素 A 缺乏症、有机磷农药中毒、食盐中毒及某些遗传病等；整个兽体僵直，可能患破伤风。

3. **五官与可视黏膜**　通过检查眼睛、口、鼻、耳朵等五官与可视黏膜变化是判定毛皮动物是否患病的主要依据。健康毛皮动物的眼睛圆而明亮，活泼有神，眼角干净无脓性分泌物。若眼睛呆滞，半睁半闭，对外声音、光线等外界刺激反应迟钝，则为患病或衰老的象征；若眼睑肿胀，眼睛有黏液、脓性分泌物，甚至将上下眼睑粘在一起，多见于犬瘟热、维生素 A 缺乏症。头歪斜或向后仰，可能患耳螨病、维生素 A 缺乏症、李氏杆菌病、遗传性疾病等；出现转圈运动，可能患李氏杆菌病。耳壳内应清洁，耳尖耳背无结痂，如耳内有结痂，则可能患痒螨或中耳炎。

可视黏膜包括眼结膜、鼻黏膜、口腔黏膜、直肠和阴道黏膜。其能够反映机体血液循环状况。黏膜呈潮红、苍白、发绀、黄染等均为患病的表现：结膜苍白，为贫血的特征，多为急性肝、脾大出血或严重的消耗性疾病；结膜发红，呈枝状充血，多见于脑炎、中暑、高热；黏膜黄染、消瘦，可能为钩端螺旋体病、寄生虫病等；结膜发绀，多见于食盐中毒、心力衰竭等；黏膜出血，多见于巴氏杆菌病、炭疽等。

4. 呼吸系统　上呼吸道检查主要查鼻腔、喉头黏膜及气管环间是否有炎性分泌物、充血和出血。健康兽鼻镜湿润发亮，周围的毛洁净，胸腹式呼吸。鼻镜干燥是发热的表现，鼻镜皮肤皲裂，被覆干燥痂皮见于犬瘟热等疾病。正常鼻黏膜湿润淡红，只有少量无色透明液体，但不流鼻液。鼻黏膜发炎、肿胀，流出浆液性至黏液性或脓性鼻液，有时伴有鼻孔堵塞现象，提示犬瘟热、感冒、肺炎等疾病。鼻腔内出血，有脓血样的分泌物流出，呼吸困难等，提示鼻疽等疾病；咳嗽，流黏液性鼻液，呼吸困难，则提示肺结核等；呼吸困难，痛性干咳，鼻孔内流出无色或混有血液的泡沫，则提示巴氏杆菌病等；腹式呼吸，从鼻孔和口腔内流出含有血液的分泌物，则提示双球菌病、葡萄球菌病等；呼吸困难，从鼻孔流出红色带泡沫的液体，腹式呼吸，则提示出血性肺炎、伪狂犬病等；可能表现流鼻液的疾病还有感冒、弓形虫病、中暑等。

5. 排泄物　正常毛皮动物粪较成形，水貂的粪便呈细条状，狐狸、貉的粪便呈干球样或椭圆形橄榄状，深黑色，落地能滚动。粪便比正常坚硬，常为便秘；粪便比正常稀薄呈水样，为腹泻。粪便稀且带有血液、黏膜、黏液，可能患细菌性疾病，如巴氏杆菌病、沙门氏杆菌病、李氏杆菌病、魏氏梭菌病、弓形虫病、旋毛虫病等。腹泻有时混有血液，北极狐常常发生脱肛，可能是犬瘟热；病狐食欲减退或暂时无食欲，腹泻和便秘交替及进行性消瘦，则可能为慢性型狐传染性脑炎。

呕吐和持续性重度腹泻，粪便变软，形如牛粪，呈黄灰白色，稀便、水样便，后期粪便呈酱油色，且有恶臭腥味，提示可能为病毒性肠炎；稀便带血，恢复后经常发生呕吐、不发情等，可能是病毒性脑炎；定期下泻，粪便呈淡污白色，带有黄色阴影，可能为钩端螺旋体病；新生仔狐患病早期表现不安，不断尖叫，被毛蓬乱，常被粪便污染，肛门部被毛污染甚为明显，当轻微按摩腹部时，常从肛门排出稠度不均的液状粪便，其颜色为绿色、黄绿色、褐色或浅黄白色，在很多病例的粪便中发现有未消化的凝乳块和混有血液，还有气泡和黏液，年龄较大的仔狐，持续性腹泻，粪便颜色为黄色、灰白色或暗灰色，混有黏液状粪块，严重病例排便失禁，则可诊断为大肠杆菌病。排灰白色鸡蛋清样稀便，或浅红色或绿褐色，排粪动作呈喷射状，内含有气泡，并伴有恶臭气体，长期腹泻导致直肠脱出；或粪便呈黄绿色，伴随大量的腹泻，粪内混有血液和黏膜，常呈煤焦油状，可诊断为胃肠炎。呕吐、腹泻、腹痛、里急后重，粪便的性状变化通常是：黄色或灰黄色，并覆有多量黏液和伪膜，之后排带有血液呈番茄汁样的恶臭稀粪，则可诊断为犬细小病毒感染。呕吐、腹泻，粪便呈粥样或水样，呈红色或暗褐色或黄绿色，恶臭，混有黏液或少量血液，可能为冠状病毒病。

此外，腹泻还是很多中毒病的症状之一。

检查尿液时要注意排尿动作、姿势及尿液颜色、次数、密度、pH 值、内含物等情况。排尿次数减少，多见于肾炎、呕吐、下痢等；排尿疼痛，见于尿路炎症、尿道结石、膀胱炎等疾病；尿闭，则可能患膀胱麻痹、尿道结石；精神倦怠，消瘦，腹泻，死前排绿色尿液，四肢麻痹，共济失调，可能是犬瘟热；尿频，尿液呈黄红色，仅个别呈暗红色，黄疸，则可能为钩端螺旋体病。

有时病狐做频频排尿动作，后肢叉开步行，有的尿液呈点滴状而不能随意排尿，因而经常浸湿腹部的绒毛，是尿结石的表现；病狐不自主地频频排尿，尿液淋漓，会阴部、腹部及后肢内侧被毛高度浸湿，之后上述部位被毛黏着，可能是尿湿症。尿湿症的尿液与尿结石不同，呈酸性。需要提醒的是，尿液颜色与饲料种类、服用某些药物等有关，应注意加以区分。

病狐发生流产，从阴道内流出黄绿色或黄红色黏稠分泌物，并具有腥臭味，则可能为狐假单胞菌病。

6. 饮食　健康毛皮动物一般食欲正常，喂料时表现出求食的现象，即在笼舍内走来走去，若打开笼舍门就伸出头来寻食。患病兽常表现呆滞或蹲缩在笼舍一角，不与其他兽抢食或走到食槽前想吃又不吃；同时要注意有无饮水、水质是否变质、是否有流涎、呕吐现象。饮水量过多也是很多疾病的表现，在食欲减退或废绝的情况下，饮水量却大大增加，一般为发热或食盐中毒。

7. 消化系统　除妊娠后期外，腹部一般无增大现象。胃肠蠕动停滞，腹部膨胀，可能为肠变位；腹下部膨大，触诊有波动感，改变体位时，膨大部随之下沉，提示腹腔积液；触诊时，动物出现不安、躁动，腹肌紧张且有震颤，表明腹部有疼痛反应，多见于腹膜炎。

8. 体温　狐、貂、貉都是恒温动物，在正常情况下，体温是相对稳定的。排除生理因素（如年龄、性别、品种、营养、生产性能、活动、气候条件）的影响后，体温升高或降低均为患病的表现。测量体温对早期诊断和群体检查很有意义。

第三节　病理剖检

许多疾病仅靠外部的表现很难作出确切的诊断，必须对尸体进行解剖，根据病理变化，结合临床症状，对疾病作出正确诊断。

一、病理剖检方法

病死兽呈仰卧式，腹部向上，置于搪瓷盘内或解剖台上，四脚分开固定，腹部用消毒药消毒，沿腹中线上起下颌部下至耻骨缝处切开皮肤，再沿中线切口向每条腿切开，然后分离皮肤，检查皮下有无出血、水肿及其他病变；沿腹中线切开腹壁，用镊子挑起腹肌，防止刺破肠管，打开腹腔后，首先检查腔内腹水的颜色、多少和清浊度，然后依次检查腹膜、肝、胆囊、胃、脾、肠道、胰、肠系膜、淋巴结、肾、膀胱和生殖器官。用骨剪剪断两侧肋软骨、胸骨，拿掉前胸廓，使胸腔暴露后，依次检查心、肺、胸膜、上呼吸道及肋骨，必要时，打开口腔、鼻腔及脑检查。

二、检查内容及提示相应疾病

（一）皮下检查

主要检查皮下有无出血、水肿、炎性渗出、化脓、坏死与淋巴结的变化等。皮下组织及肌肉肿胀、出血性渗出物，提示伪狂犬病；皮下组织黄染，可能是钩端螺旋体病、沙门氏菌病。

（二）上呼吸道检查

上呼吸道主要检查鼻腔、喉头黏膜及气管环间是否有炎性分泌物、充血和出血。咽喉黏膜充血，可能为狂犬病；鼻及口腔内和嘴角周围出现大量粉红色泡沫样液体，鼻、口黏膜呈青紫色，提示伪狂犬病；气管、支气管内含有血液、纤维素性和黏液性渗出物，提示肺炎双球菌病。

（三）胸腔检查

胸腔主要检查胸腔积液、色泽，胸膜、肺脏、心肌、心包是否充血、出血、变性、坏死等。

1. 胸腔病变　胸腔有浆液性或浆液纤维素性渗出，提示巴氏杆菌病；胸腔内混有脓样渗出液，提示结核病。

2. 肺脏病变　水貂肺脏严重出血、水肿，浆膜出血，可能为出血性肺炎；肺脏塌陷，呈暗红色或淡红色，提示伪狂犬病；肺脏呈暗红色，有大小不一的点状或弥散性出血斑，可能为巴氏杆菌病；肺脏颜色不一致，在玫瑰色背景上发现暗红色的水肿区，切面流出淡红血色泡沫样液体，气管和支气管内也含有此种液体，提示大肠杆菌病。

3. 心脏病变 心肌弛缓，心外膜有出血点，可能为犬瘟热；在心肌和心内膜上有灰白色或黄红色的坏死灶和心肌纤维损伤，心肌纤维上有出血性斑纹，心包液增加，提示病毒性肠炎；心脏扩张，冠状血管充血，心包腔内有少量渗出物，心肌呈煮肉状，提示伪狂犬病。

（四）腹腔检查

腹腔主要检查腹水、纤维素性渗出、寄生虫结节，脏器色泽、质地、肿胀或萎缩、充血、出血、化脓灶、坏死、粘连等。

1. 腹腔病变 腹腔内有淡黄色渗出液，提示弓形虫病。

2. 肝胆病变 肝脏充血，可能为犬瘟热、链球菌病；肝脏轻度肿大，胆囊极度扩张，胆汁充盈呈黄绿色或黑绿色，可能为病毒性肠炎；肝脏呈暗红色，松弛、增大、质脆，切面流出酱油样凝固不全的血液，有时比正常大 2～3 倍，提示狂犬病；狐狸肝脏肿大、出血，切面多汁，呈淡红色乃至淡黄色或者肝脏实质变性呈土黄色，切面泥污，胆囊充满黄色的胆汁，提示传染性肝炎；肝脏充血、肿大，呈红色或带有浅黄色，有粟粒大的散在坏死灶，质地变软，提示为链球菌病；肝脏肿大，呈暗红色，带有黄疸或不均匀的土黄色，切面黏稠外翻，小叶纹理展平，胆囊增大，充满浓稠的胆汁，提示沙门氏菌病；肝脏肿大，呈淡黄褐色，表面布满点状坏死区，绕以红褐色出血带，提示弓形虫病。

3. 脾脏病变 脾脏明显肿大，提示犬瘟热；脾脏稍微肿大，淤血性充血呈斑点状，包膜下可见点状出血，切面多汁湿润，构象清楚，提示伪狂犬病；脾脏肿大，呈樱桃红色，提示狐狸传染性肝炎、巴氏杆菌病；脾脏肿大，颜色暗红，表面粗糙，间有小出血点和贫血性梗塞，可能为链球菌病。

4. 肾脏病变 肾脏背膜下有点状出血，切面纹理消失，可能为犬瘟热；肾脏增大，呈樱桃红色带有土黄色，松弛，切面多血，提示伪狂犬病；狐狸肾脏肿大，被膜紧张，实质点状或带状出血，切面纹理展平，皮质与髓质界限消失，呈淤血性充血，髓质呈暗红色，提示狐传染性脑炎；肾脏肿大并有出血点和淤血斑，间有小化脓性坏死灶，提示链球菌病；肾脏稍肿大，呈暗红色并带有淡黄阴影，在包膜下有无数点状出血，提示沙门氏菌病。

5. 消化道病变 胃肠黏膜呈卡他性炎症，常见出血和边缘不整的糜烂和溃疡，直肠黏膜上有无数点状或带状弥漫性出血，提示为犬瘟热；胃肠黏膜充血、出血，提示狂犬病。

（1）**胃病变** 胃容积扩大2～3倍，形似气球，胃内容物为红褐色液体，胃黏膜淤血、脱落、溃疡和糜烂，提示病毒性肠炎；胃鼓胀，黏膜常常充血并覆盖以暗褐色煤焦油样液体，提示伪狂犬病；狐狸胃黏膜潮红、肿胀，常伴有多数胃褶皱条状出血，胃内混有凝固煤焦油样液体，胃皱襞可见到各种形状、大小不等的溃疡，胃下腺增大、充血，呈淡灰色至黄色、灰褐色，并在其表面上有点状出血，提示传染性肝炎、魏氏梭菌病、幽门杆菌病；胃黏膜充血，常见灰白色小坏死灶，提示弓形虫病。

（2）**肠病变** 小肠外观有的呈鲜红色，如"血肠"样，切开可见血样液体，浆膜下充血、出血，黏膜坏死脱落，并有出血点，有的外观黑红色，切开可见少量黏稠煤焦油样或酱油样内容物，有的还混有紫黑色血凝块，有的肠段壁增厚、肠管变粗，提示病毒性肠炎；小肠黏膜为急性卡他性炎症状态，即肿胀、充血及覆盖以少量液状的褐色黏液，提示伪狂犬病；狐肠黏膜潮红、肥厚，常被覆以黏液并可见单个或多数胃褶皱条状出血，肠内容物稀薄呈咖啡色，提示传染性肝炎；小肠黏膜有卡他性或出血性炎症，肠管内混有血液及黏膜充血，提示巴氏杆菌病；胃肠道主要为卡他性或出血性炎症变化，肠管内有黏稠的黄绿色或灰白色液体，肠壁菲薄，黏膜脱落，布满出血点，提示大肠杆菌病。

6. 膀胱病变 膀胱黏膜充血或点条状出血，提示犬瘟热；膀胱积留大量豆油色透明尿液，黏膜可见出血斑或出血点，提示病毒性肠炎；膀胱常空虚，黏膜上有点状出血，提示沙门氏菌病。

7. 生殖器官病变 阴道黏膜充血肿胀，子宫颈糜烂，子宫内膜水肿、充血和出血，严重时子宫黏膜脱落，卵巢常发生囊肿，公狐常发生包皮肿胀和前列腺肿大，提示阴道加德纳氏菌病；妊娠中后期死亡的母兽，子宫内膜有炎症或有糜烂的胎儿，外阴有分泌物附着，个别公兽出现睾丸炎，提示布鲁氏菌病；病兽常从阴道内流出黄绿色或黄红色黏稠分泌物，并具有腥臭味，子宫角粗大、肿胀、充血和出血，两子宫角充满大量绿色或黄绿色黏稠带有异常臭味的液体，输卵管粗大和充血，整个子宫黏膜充血、出血和黏膜脱落，提示假单胞菌病。

8. 脑内病变 狐狸脑呈非化脓脑炎变化，大脑血管充血、出血，提示传染性肝炎；脑水肿，脑室内蓄积液体，脑膜和脑干血管高度充血，有时脑膜血管破裂，在表面见到凝血块，特别是在血管丛处，提示传染性脑脊髓炎；头盖骨变形，脑充血和出血，脑室常积有化脓性渗出物或淡红色液体，并在软脑膜内发现灰白色病灶，脑实质软，切面有软化灶，提示大肠杆菌病；脑内血管充血，脑实质软化和水肿，硬脑膜下有点状出血，提示李氏杆菌病。

第四节　病料采取及送检注意事项

毛皮动物发病后，根据流行病学调查、临床症状及病理剖检特征，有些疾病可以确诊，比如狂犬病、传染性脑脊髓炎、自咬症等，但有些疾病由于缺乏特征性症状或病变，需要采集病死兽病料，在实验室开展进一步鉴定，包括组织学观察、病毒与细菌的分离培养、生理生化实验、血清学检查、动物实验等，综合判断才能确诊。因此，病料的合理采集、保存与运送对确诊非常重要，在采集病料时应注意如下几个方面。

（一）注意无菌操作

采集病料用的刀、剪、镊子等器具使用前要及时消毒，一般采用 102.9～137.3 千帕高压灭菌 20～30 分钟，或者煮沸 30 分钟，使用前用酒精擦拭、火焰消毒。装载的器皿采用 103 千帕高压 30 分钟或 160℃干烤 2 小时，或者采用环氧乙烷灭菌的一次性密封袋。所用注射器与针头一般采用医用一次性环氧乙烷灭菌产品；采取一种病料使用一套器械与容器；同时，还要准备好采集后的用具消毒用的清洗液、消毒剂及容器等。

（二）采取未用药的病死兽

为了不影响病原体的检出，特别是细菌性或寄生虫传染病，采集病料的尸体或病危兽最好是未经用药预防或治疗过，一旦用药或多次用药后，有些敏感细菌将很难分离。

（三）采取合适的病变部位

不同疾病所要求的病料部位采集有所不同，病原感染兽体后，一般具有组织嗜性，临床初步诊断后疑似哪种疾病就根据要求取材，采集病料时应取该病最常侵害的部位或特征性病变组织。如狂犬病病毒以脑组织病毒含量最高，因此采集病料时应以脑为主。同时，对病变不典型的，不能确定是哪一种疫病，为了鉴别诊断，并提高病原微生物的分离率，要做好采样计划，采集的部位、种类尽可能齐全，采集的数量要足够，包括内脏、淋巴结局部病变组织、脑组织等，或根据临床症状和病理变化有所侧重，如有神经症状应采集脑组织和脊髓，有黄疸或贫血必须采集肝、脾等。狐、貂、貉常见疫病应采集的病变部位见表 1-1。根据部位差异，采取的采集方法有所差异。

表 1-1　常见传染病病料的采集

疾病名称	主要采集部位
狂犬病	主要为脑，其次为唾液、肝脏、肾脏等
犬瘟热（狗瘟）	肝脏、脾脏、脑
病毒性肠炎	胃、肠及内容物
狐狸传染性肝炎	肝脏
传染性脑脊髓炎	脑、脊髓
链球菌病	化脓灶脓液、肝脏、脾脏、关节液等
钩端螺旋体病	肝脏、肾脏
假单胞菌病	子宫、子宫脓汁，水貂采集肺脏、脾脏、肝脏
巴氏杆菌病	心脏、血液、肝脏、脾脏
大肠杆菌病	实质脏器、心血，肠道淋巴结
沙门氏菌病	血液、脏器
狐狸阴道加德纳氏菌病	流产胎儿、胎盘、流产阴道分泌物、公狐狸的包皮物
脱毛癣	痂皮细屑、病区周围被毛
弓形虫病	肺脏、淋巴结、肝脏、脾脏
旋毛虫病	膈肌左右角
李氏杆菌	脑组织

1. **内脏**　采集的病料组织样品用于微生物学检验，则组织块不必太大，一般 1～2 厘米见方即可，如有少量污染或不能保证无污染，组织块则相应取大些，切割后使用；用于病理组织学检查，则要采集病灶及临近正常组织，并存放于 10% 甲醛溶液中，若需要冷冻切片，则应将病料组织放在冷藏容器中，并尽快送实验室检验。

2. **脑组织**　开颅后取出大脑和小脑，纵切两半，一半放入 50% 甘油生理盐水瓶中供微生物检验用，另一半放入 5% 甲醛或 10% 戊二醛溶液内供组织学和电镜检查用。

3. **肠内容物**　选病变较为明显的肠道部分，采用吸管或较大号针头扎取内容物，放入 30% 甘油盐水缓冲液中保存送检，或者将该段肠管两端结扎，剪下送检。

4. **排泄物** 粪便采集力求新鲜，或用拭子插到直肠黏膜表面采集粪便；尿液采集时用一次性塑料杯接取；呼吸道分泌物则用灭菌的棉拭子采集，取鼻腔、咽喉内的分泌物，蘸后立即放入特定的保存液中。

5. **皮肤** 用锋利的外科刀刮取病变部皮肤结痂、皮屑、毛或刮取病变与健康部位交界处的皮肤组织放于容器中送检，如果需要采集病变部位的水疱液、水疱皮等，需要使用注射器抽取。

6. **血液** 全血样品不能冷冻，应该保存在 $2 \sim 8 ℃$ 条件下，趾部和隐静脉采血 $2 \sim 3$ 毫升，用灭菌试管或离心管收集，如需抗凝，则加入一定比例的抗凝剂，盖严后送检。

（四）采用冷链运输，取材及时

病料采集要及时，应在动物病死前或病死后立即进行，一般夏天不超过 2 小时，冬天不超过 6 小时，如需采集脑组织分离病毒，则不应超过 3 小时。死亡过久或腐败变质的病料对诊断毫无意义，不仅有碍病原微生物的检出，还影响病理组织学检验的正确性，延误诊断，对疾病的及时有效控制极为不利，因此，原则上不采集此类病料。

病料保存：采集的新鲜病料应快速送检，保存方法有三种：一是细菌检验材料。将采取的组织块，保存于灭菌 30% 甘油缓冲液中，容器加塞封固；二是病毒检验材料。将采取的组织块保存于50% 甘油生理盐水中，容器加塞封固；三是血清学检验材料。组织块可用硼酸或食盐处理，血清等材料可在每毫升中加入 3% 苯酚溶液 1 滴。采集的样品最好能在 24 小时内由专人送达实验室，夏天需用保温箱加置冰块保存。送检过程中要防止倾倒、破碎、样品泄漏，要注意有的样品不能剧烈振荡，要注意缓冲放置。

（五）注意采集病料次序

剖检时，将尸体腹面向上，用消毒液涂擦胸部和腹部的被毛，病料采集次序本着由内到外、由无菌到有菌、由脏器到组织等原则。首先采集皮肤或皮下病变部位，用刀或剪打开腹腔，并仔细地检查腹膜、肝、胆囊、胃、脾、肠道、胰脏、肠系膜及淋巴结、肾、膀胱及生殖器官。进一步打开胸腔（切断两侧肋骨、除去胸壁），并检查胸腔内的心脏、心包及其内容物、肺、气管、上呼吸道、食管、胸膜及肋骨。必要时，可打开口腔、鼻腔和颅腔。采集肝脏、脾脏、肾脏、肠管与肠系膜淋巴结、心脏、肺脏等，然后再采集脑组织、脊髓等。

（六）剖检场所的选择

为了便于消毒和防止病原的扩散，一般以在室内进行剖检为好，如条件不许可，也可在室外进行。在室外剖检时，要选择离舍较远、地势较高而又干燥的偏僻地点，并挖深达 2 米左右的土坑，待剖检完毕将尸体和被污染的垫物及场地的表面土层等一起投入坑内，再撒些生石灰或喷洒消毒液，然后掩埋，坑旁的地面也应注意消毒。有条件的也可焚烧处理。

（七）做好剖检记录

尸体剖检的记录是诊断的主要依据。记录的内容力求完整详细，要能如实反映尸体的各种病理变化，因此，记录最好在检查病变过程中进行，不具备条件时，可在剖检结束后及时补记。对病变的形态、位置、性质变化等，要客观地加以描述说明，切不可用诊断术语或名词来代替。

（八）人员防护

剖检操作及参与人员可根据条件穿着工作服、戴口罩、戴橡皮手套、穿胶靴等，条件不具备时，可在手臂上涂上凡士林或液状石蜡等，以防感染。

第五节　影响毛皮兽疾病发生的因素

毛皮动物发生疾病与各种因素密切相关。常见的因素有季节、年龄、性别、遗传、免疫保健、饲料及其他动物的影响等，下面就这些因素及致病原因和引发的疾病作一些简单介绍。

（一）季节的影响

季节不同，毛皮兽的多发病种类不同，发病率也不同。如1～3月份气温较低，各种传染媒介（苍蝇、蚊子等）及病原体的滋生繁衍均受到一定限制，发病较少，但由于天气寒冷，容易引起动物感冒和肺炎（多为散发），此期暴发烈性传染病较为少见，此期为毛皮兽的配种妊娠期，是狐狸阴道加德纳氏菌病、布鲁氏菌病等繁殖性疾病流行的高峰期，此时会因为饲料不新鲜而导致一些流产死胎的发生；4～6月份气温转暖，传染媒介与病原复苏，又是毛皮兽的产仔季节，发病率相对增高，主要是流产、难产、惊恐症、缺乳、乳房炎、红爪病、仔兽消化不良、腹泻、受凉等情况较为严重，螨虫及真菌病等皮肤病也会逐渐增加；7～9月份是盛夏酷暑季节，各种病原微生物活动猖獗，而且此期间饲料、饮水等易腐败变质，容易引起中暑、中毒及各类胃肠炎等疾病，是各种传染病高发的季节，也是各类疫苗免疫期，雷电阴雨天气对毛皮兽都可造成强烈应激，容易引发育成兽肺炎链球菌病、大肠杆菌及沙门氏菌病等，防疫不到位还会引发犬瘟热、细小病毒病等病毒病，所以此期必须加强饲养管理和卫生防疫工作。10～12月份气温逐渐降低，各种病原微生物活动减弱，毛皮兽的冬毛已更换完毕，特别是激素皮已经生产完毕，留下大量的种兽，发病率会明显下降，发病相对较轻，应注意加强防寒保温工作，准备进入下一个繁殖季节。

（二）年龄的影响

成年兽的抵抗力大于仔兽和幼兽。仔兽在哺乳期死亡率很高，据统计从分娩到断奶仔兽死亡的主要原因有：死胎，弱仔（营养不良，阿留申病）；饿死（母兽营养过剩或不良，造成缺乳）；冻死（窝箱保温不好，窝形不好，母性不强）；压死（窝形不好，母兽受惊）；咬死（母兽患自咬症，产后缺水，环境不安静）；脐带粘连（母性不强，产后没有咬断脐带）；中暑（气温突然升高）；外伤等。育成兽主要死于疾病，据统计，育成期死亡的幼兽患代谢病的占 70%～75%；患消化道、呼吸系统疾病的占 25%～30%，但死亡率比哺乳期大为减少。育成兽由于母源抗体消失，其患传染病的概率会大大增加。例如：犬瘟热、细小病毒病及狐传染性脑炎等，特别是育成兽对狐传染性脑炎很易感，而成年兽有明显的抵抗力。老龄兽由于代谢机能与免疫功能减退，体质下降，患病率高，抗病力弱，且多预后不良，在发生组织创伤时愈合较慢。

（三）性别的影响

母兽易发生繁殖期间疾病，如子宫内膜炎、流产、乳房炎、产后瘫痪、流产、产后缺奶。公兽易出现包皮炎和前列腺炎等症状，性欲减退或丧失交配能力。水貂阿留申病公兽易感。阴道加德纳氏菌病妊娠母狐易感，常常引发大批流产、死胎。而对公狐影响较小。

（四）遗传的影响

有些疾病的发生对于某些品种有偏嗜性。例如：水貂阿留申病，蓝色和黄色彩貂发病率较高，而黑色和其他颜色较深的水貂易感性要低得多，这两类水貂不但发病率不同，其育成率和成年后的不孕率也有很大差别。这显示出抗病育种的重要性。

（五）免疫保健程序的影响

1. **疫苗质量问题**　疫苗有效抗原含量不达标；或疫苗被外源微生物污染；或运输保存环节存在问题：毛皮兽的疫苗特别是犬瘟热疫苗，目前有 2 种剂型，一种是冷冻疫苗，另一种是冻干疫苗，两种疫苗均对运输保存条件要求较高，均需要冷冻或冷藏保存运输，如果在运输保存过程中出现高温环境，会令疫苗效价有所损失，从而影响免疫效果。

一般来说，活疫苗要在 $-15℃$ 保存，如犬瘟热活疫苗；灭活疫苗要在 $0～8℃$ 保存，如水貂细小病毒疫苗。保存不当会造成疫苗有效成分降低、丧失，甚至引发有害反应。

2. **免疫操作问题**　注射时出现漏免、空针，注射部位不当，注射器具消毒不当（注射器内有消毒药物残留）。注射过程中，尚未注射的疫苗在常温环境中暴露时间过长，导致剩余疫苗失效。一般来说，新开的疫苗必须要在 2 小时内用完，否则影响免疫效果，最好现配现用。

3. 免疫程序不当　应该免疫某种疾病而未免疫，或免疫时间不当，过早则受母源抗体影响，过晚则可能已遭受病原侵袭导致疾病流行。对于犬瘟热最好免疫 2 次，以免出现免疫失败。如果制定了免疫程序，要尽量按程序免疫，特别是犬瘟热。免疫剂量也是非常重要的，剂量过大会造成免疫麻痹，影响抗体产生；剂量过小，激活不了免疫系统，造成免疫不应答，过大过小都会造成免疫失败，应该严格按照疫苗说明使用。

合理的药物保健会对动物起到很好的保护作用，例如发情配种前期的准备工作，药物驱虫、多饲喂一些促进性欲的饲料或药物，对狐狸加德纳氏菌病提前投放抗菌药物；夏季的饲料易变质，定期投喂抗菌药物、黄芪多糖、电解多维；免疫疫苗时采取防止应激的措施等，都会提高动物生产成绩，减少动物患病死亡。

（六）饲料因素

由于毛皮兽的饲料以动物性蛋白为主，即以鱼、肉为主，所以鱼、肉的品质至关重要，特别是在夏季，饲料容易腐败，从而引起众多的疾病。例如：沙门氏菌病、大肠杆菌病、链球菌性肺炎、水貂绿脓杆菌病都会因食用污染的鱼和肉而导致发病，事实上，夏季大部分毛皮兽的疾病，都与此有关。鱼容易携带绿脓杆菌、气单胞菌、沙门氏菌；肉类，常用的禽骨架容易携带沙门氏菌、致病性大肠杆菌及一些禽类的病毒，如禽流感等，饲喂毛皮动物很容易引发疾病，特别是夏季温度高，病原菌在肉类中大量繁殖，从而引起疫病暴发。例如：饲喂病死猪的尸体很容易导致毛皮动物感染伪狂犬病而大量死亡。

因此建议在夏季饲喂应做到以下几点：①尽量饲喂煮熟的饲料，并且不要放置时间过长，防止细菌增殖。②在冷库中，运出冷冻饲料后，要劈成小块，防止融化时间过长，导致外层腐败，里面还有冰。③发现有异味或怀疑有异味的饲料坚决不用，或煮熟再喂，但如果污染了肉毒梭菌，煮熟了食物也会导致动物发病。④对于饲喂貉的玉米粉要严加注意，防止霉变。饲料中不要用病死动物的尸体，防止疫病传播，动物肝脏的饲喂量不宜超过20%，特别是猪的肝脏。⑤对于水貂饲喂应少喂勤添，防止水貂采食时间过长，导致食物腐败。

（七）其他动物影响

在笼养的条件下，毛皮动物虽然不直接和活的畜禽接触，但是由于苍蝇、蚊虫的间接接触及野生动物的侵入，加上饲喂动物性饲料，所以和畜禽类间接接触非常频繁。畜禽的传染病与寄生虫病也容易传染给毛皮兽，实践中许多的养兽场出现的钩端螺旋体病、巴氏杆菌病（主要表现出血性肺炎、化脓性肺炎）、绿脓杆菌病、伪狂犬病及水貂的鸡新城疫（主要呈现脑膜炎病变）、附红细胞体病等病，无不与畜禽的接触有关。此外，在选址建场方面，如果毛皮动物饲养场与猪场距离很近，则发生伪狂犬病的概率很大；如果与家禽场很近，则水貂发生禽流感的概率也不小，还有其他一些共患疾病，在此不做赘述。

第二章

常用药物及生物制品

第一节　药物的种类及特点

一、抗细菌类药物

（一）青霉素类抗生素

1. 青　霉　素

【作　用】　青霉素钠、青霉素钾适用于溶血性链球菌、肺炎链球菌、对青霉素敏感的金黄色葡萄球菌等革兰氏阳性菌所致的感染。

【用法与用量】　肌内注射，2 万单位 / 千克体重，2 次 / 天。

2. 广谱青霉素类

【作　用】　氨苄西林与阿莫西林的抗菌谱较青霉素为广，阿莫西林对酸稳定，口服吸收效果好，对部分革兰氏阴性杆菌（如流感嗜血杆菌、大肠杆菌、奇异变形杆菌）亦具抗菌活性，对革兰氏阳性球菌作用与青霉素相仿。

【用法与用量】　口服 20～40 毫克 / 千克体重，2～3 次 / 天。

（二）头孢菌素类抗生素

1. 头孢氨苄

【作　用】　本品为白色或乳黄色结晶粉末，微臭，味苦，能溶于水；该药对金黄色葡萄球菌、溶血性链球菌、大肠杆菌等有抗菌作用，对绿脓杆菌无效。用于敏感菌所致的皮肤及软组织等部位感染。

【用法与用量】 口服，20～30毫克/千克体重，2次/天。

2. 头孢喹肟、头孢噻呋钠

【作 用】 性状为白色、类白色至淡黄色粉末，有很强的抗菌活性，其对金黄色葡萄球菌、链球菌、铜绿假单胞菌、肠细菌科（大肠杆菌、沙门氏菌、克雷伯氏菌等）细菌都有极强的杀灭作用，对许多耐甲氧西林的葡萄球菌及肠杆菌也有良好的杀灭作用。

【用法与用量】 头孢喹肟，肌内注射，2～3毫克/千克体重，1次/天，连用3天。头孢噻呋钠，肌内注射，5毫克/千克体重，1次/天，连用3天。

（三）氨基糖苷类抗生素

【作 用】 临床常用的氨基糖苷类抗生素主要有链霉素、壮观霉素（大观霉素）、卡那霉素、庆大霉素、小诺霉素、新霉素等，此类抗生素对革兰氏阴性菌具有良好抗菌作用。

【用法与用量】 链霉素，肌内注射，7.5～15毫克/千克体重，2次/天；硫酸卡那霉素，肌内注射，7.5～15毫克/千克体重，2次/天；硫酸庆大霉素，肌内注射，7.5毫克/千克体重，2次/天。

（四）四环素类抗生素

【作 用】 四环素类抗生素包括四环素、金霉素、土霉素及半合成四环素类的多西环素（强力霉素）。四环素作为首选或选用药物可用于治疗：支原体感染（如支原体肺炎）、衣原体属感染、布鲁氏菌病（需与氨基糖苷类联合应用）、巴氏杆菌感染。

【用法与用量】 长效土霉素，肌内注射，10毫克/千克体重，1次/天，有些制剂有效期可达3～5天；土霉素，每吨饲料500～1 000克；多西环素，拌料混饲，每吨饲料150克。该类药物妊娠动物可用。

（五）大环内酯类抗生素

【作 用】 大环内酯类有红霉素、酒石酸泰乐菌素、替米考星等，主要用于治疗流感嗜血杆菌、肺炎支原体或肺炎衣原体等。也可用于：β溶血性链球菌、肺炎链球菌中的敏感菌株所致的上、下呼吸道感染。替米考星是由泰乐菌素的一种水解产物半合成的畜禽专用抗生素，与泰乐菌素相比，其用药量少、作用持久、副作用小、体内残留低、安全无毒，是替代泰乐菌素用于预防和治疗呼吸道感染的首选药物。

【用法与用量】 酒石酸泰乐菌素，1克加水2～4千克（即每100克对水200～400千克）集中饮用，连用3～5天。替米考星，皮下注射，20毫克/千克体重；或口服，20～30毫克/千克体重，1次/天，连用3～5天。

（六）林可霉素

【作 用】 适用于敏感肺炎链球菌、其他链球菌属（肠球菌属除外）产气荚膜梭菌及敏感的金黄色葡萄球菌所致的各种感染。

【用法与用量】 口服或者肌内注射，20毫克/千克体重，2次/天。

（七）利福霉素类抗生素

【作 用】 利福平，抗菌谱较广，对革兰氏阳性菌、结核杆菌及其他分枝杆菌有效，一般用于治疗结核病及其他分枝杆菌感染。

【用法与用量】 口服，5毫克/千克体重，2次/天。

（八）磷 霉 素

【作 用】 磷霉素钾和磷霉素钠（磷霉素钙），口服可用于治疗敏感大肠杆菌等肠杆菌科细菌和粪肠球菌所致肠道感染。磷霉素钠，注射可用于治疗敏感金黄色葡萄球菌、凝固酶阴性葡萄球菌、链球菌属、流感嗜血杆菌、肠杆菌科细菌和铜绿假单胞菌所致呼吸道感染等。

【用法与用量】 肌内注射，50毫克/千克体重，1次/天。

（九）氯霉素类抗生素

【作 用】 氯霉素类抗生素，包括氯霉素、甲砜霉素及氟苯尼考等，为广谱抗菌药。其中氯霉素禁用，常用代表药物为甲砜霉素和氟苯尼考，主要用于治疗流感嗜血杆菌、大肠杆菌、沙门氏菌、放线杆菌、链球菌、巴氏杆菌、支原体等所致的感染。

【用法与用量】 甲砜霉素，拌料，每吨饲料 100 克，1 次 / 天；氟苯尼考，肌内注射或口服，20 毫克 / 千克体重，2 天 1 次，妊娠动物禁用。

（十）甲硝唑、地美硝唑

【作　用】 甲硝唑，对厌氧菌（魏氏梭菌）、滴虫、阿米巴虫和蓝氏贾第鞭毛虫具强大活性，可用于防治各种厌氧菌的感染，禁用于添加剂。地美硝唑，对黑头组织滴虫、牛毛滴虫、结肠小袋虫、鞭毛虫等原虫及坏死厌氧丝杆菌、梭状芽胞杆菌、厌气葡萄球菌、肠弧菌、密螺旋体菌等细菌具有显著抑制作用。

【用法与用量】 甲硝唑，口服，10 毫克 / 千克体重，2 次 / 天。地美硝唑，1 克对水 10～20 千克，连用 3～5 天；或者 1 克拌料 10 千克，连用 3～5 天，预防量减半。

（十一）喹诺酮类抗菌药

【作　用】 主要为氟喹诺酮类，包括氧氟沙星、诺氟沙星、环丙沙星、甲磺酸达氟沙星、洛美沙星、沙拉沙星、二氟沙星及恩诺沙星等。氧氟沙星，主要作用于肠杆菌科的大部分细菌，包括大肠杆菌、沙门氏菌等革兰氏阴性菌有较强的抗菌活性，对金黄色葡萄球菌、肺炎链球菌、化脓性链球菌等革兰氏阳性菌和肺炎支原体、衣原体也有抗菌作用。环丙沙星，对肠杆菌、链球菌、金黄色葡萄球菌具有抗菌作用。甲磺酸达氟沙星，动物专用药，为白色至淡黄色结晶性粉末，无臭，味苦，对巴氏杆菌、支原体、大肠杆菌均有较强的抗菌活性。恩诺沙星，为动物专用广谱抗菌药，适用于敏感细菌及支原体所致的消化、呼吸、泌尿系统及皮肤软组织的各种感染。

【用法与用量】 氧氟沙星，口服，5 毫克 / 千克体重，2 次 / 天。环丙沙星，口服，10 毫克 / 千克体重，2 次 / 天。二氟沙星，饮水，1 克对水 10～20 千克，自由饮用或 2 次 / 天，连用 3～5 天；拌料加倍。达氟沙星，每 100 克对水 400 千克，连用 3～5 天，或者每 100 克拌料 200 千克，全天拌料连用 3～5 天。恩诺沙星，肌内注射，2.5～5 毫克 / 千克体重，1～2 次 / 天，连用 2～3 天。此类药物味道很苦，加到饲料中狐、貉不食，可加入诱食剂及甜味剂以改善口味。

（十二）磺胺类药

【作　用】 目前常用的磺胺类药物有 23 种，抗菌谱广，对多种细菌及畜禽球虫病有良好效果。磺胺类药物根据应用用途可分为 3 种：①用于全身性感染的磺胺药据血浆药物半衰期长短将药物分为 3 类：短效类（小于 10 小时）、中效类（10～24 小时）和长效类（大于 24 小时）。②用于肠道感染的磺胺药。③外用磺胺药。磺胺喹沙啉、磺胺氯吡嗪钠是抗球虫代表药物。市场上常见品种为磺胺 -6- 甲氧嘧啶钠，又名磺胺间甲氧嘧啶钠，4 对氨基苯磺酰胺基 -6- 甲氧基嘧啶钠，为长效磺胺类药物。对金黄色葡萄球菌、化脓性链球菌、肺炎链球菌、大肠杆菌、沙门氏菌等肠杆菌科细菌具有抗菌作用，也可用于治疗球虫病。

【用法与用量】 口服或肌内注射，10 毫克 / 千克体重，1 次 / 天。

（十三）抗真菌药

【作　用】 灰黄霉素对表皮癣菌属、小孢子菌属和毛癣菌属引起的皮肤真菌感染有效，主要用于治疗皮肤癣菌引起的各种浅部真菌病。

【用法与用量】 灰黄霉素，拌料，10 毫克 / 千克体重，1 次 / 天。

二、抗寄生虫类药物

（一）抗线虫及吸虫药物

1. 伊维菌素

【作　用】 本品是新型广谱、高效、低毒抗生素类抗寄生虫药，对体内外寄生虫特别是线虫和节肢动物（螨虫）均有良好驱杀作用。

【用法与用量】 肌内注射，一次量，0.2毫克/千克体重，药效5～7天。

2. 吡 喹 酮

【作　用】 广谱驱绦虫药、抗血吸虫药和驱吸虫药，毒性极低，应用安全。

【用法与用量】 内服给药，一次量，2.5～5毫克/千克体重。

3. 丙硫苯咪唑

【作　用】 本品为高效广谱驱虫新药，适用于驱除蛔虫、蛲虫、钩虫、鞭虫、吸虫、绦虫。

【用法与用量】 内服给药，一次量，5毫克/千克体重。

（二）抗体外寄生虫药物

1. 溴氰菊酯

【作　用】 本品对昆虫以触杀为主，兼有胃毒和驱避作用，对多种体外寄生虫和吸血昆虫均有良好的杀灭效果。对耐有机磷和有机氯的虫体仍然有高效。对鱼类及其他冷血动物毒性较大，使用时切勿将残余药液倾倒入鱼塘。蜜蜂、家禽亦较敏感。

【用法与用量】 以溴氰菊酯计，药浴：12.5毫克/升。

2. 阿维菌素

【作　用】 本品作用、应用与伊维菌素基本相似，对螨虫具有良好的效果，但毒性比伊维菌素略强。

【用法与用量】 阿维菌素注射液，含量0.01克/毫升，颈部皮下注射，0.02毫升/千克体重，隔7日1次，连用3次。

三、抗病毒类药物

1. 利巴韦林

【作　用】 又称病毒唑。常用于腺病毒、疱疹病毒、流感病毒、副黏病毒、呼吸道合胞病毒、痘病毒等疾病的防治，但其对机体细胞有一定毒性，不可长期使用。

【用法与用量】 内服给药，一次量，5毫克/千克体重。

2. 盐酸吗啉胍

【作　用】 别名病毒灵。主要用于流感病毒及疱疹病毒感染，对多种病毒（流感病毒、副黏病毒、鼻病毒、冠状病毒、腺病毒等）有抑制作用。

【用法与用量】 口服，1 克拌料 10 千克，连用 3 天。

四、解热镇痛类药物

1. 氨基比林

【作　用】 解热镇痛作用较强，缓慢而持久，内服吸收迅速，即时产生镇痛作用。

【用法与用量】 内服，一次量，5 毫克 / 千克体重。

2. 安 乃 近

【作　用】 为氨基比林和亚硫酸钠相结合的化合物，易溶于水，解热、镇痛作用较氨基比林快而强。

【用法与用量】 内服，一次量，12 毫克 / 千克体重。

五、增强免疫力类药物

1. 黄芪多糖

【作　用】 本品能诱导机体产生干扰素，提高机体的免疫功能，对体液和细胞免疫有很好的促进和调节作用。

【用法与用量】 每吨饲料添加 300～500 克，连用 3～5 天。

2. 左旋咪唑

【作　用】 免疫增强剂。对免疫功能低下的机体具有较好免疫增强作用。

【用法与用量】 盐酸左旋咪唑注射液，皮下、肌内注射，一次量，2.5～10 毫克 / 千克体重，妊娠动物禁用。

3. 葡 萄 糖

【作　用】 免疫增强剂。对免疫功能低下的机体具有较好免疫增强作用，对正常机体作用不明显。

【用法与用量】 按 2%～5% 比例自由饮用，连用 3～5 天。

六、吸 附 剂

1. 木 炭

【作 用】 本品用于治疗毛皮动物腹泻。还具有吸附臭气、氨气和吸湿等功能，可改善兽舍环境。

【用法与用量】 治疗毛皮动物腹泻，用杉木炭粉末 3 克、姜炭粉 2 克混匀，分早晚各服 1 次。冬季毛皮动物腹泻，可直接在饲料中拌入 1% 木炭末，连喂 3 天。

2. 白 陶 土

【作 用】 本品可作为吸附剂及赋形剂，防止毒物在胃肠道的吸收，并对发炎黏膜有保护作用，用于治疗痢疾和食物中毒。外用为撒布剂，有保护皮肤的作用，能吸收创面渗出物，防止细菌侵入。

【用法与用量】 外用防止创面渗出。内服 1～2 克，为治疗腹泻辅助药物。

七、外 用 药

1. **龙胆紫**　1%～2% 溶液俗称紫药水。它能抑制革兰氏阳性菌，特别是葡萄球菌、白喉杆菌，对白色念珠菌也有较好的抗菌作用。

2. **酒精**　70%～75% 酒精用于注射部位和器械消毒。

3. **新洁尔灭**　0.01%～0.05% 用作黏膜和及深部感染创消毒。

4. **硼酸**　使用浓度为 2%～3%，主要用于眼睛、口、鼻炎症部位的消毒。

5. **碘酊**　使用浓度为 2%～5%，主要用于注射部位消毒。

6. **碘甘油**　含 3% 甘油制剂，用法同碘酊。

7. **明矾**　配成 0.2% 溶液，作用同硼酸。

8. **双氧水**　为过氧化氢 5% 溶液，具有杀菌除臭作用。用于冲洗深部创面及瘘管。

9. 高锰酸钾　常用 0.1% 溶液冲洗黏膜、腔道、创伤，作用较双氧水持久。

八、激素类药物

1. 褪黑激素

【作　用】　本品是由动物脑内松果腺体分泌的一种吲哚类激素，也称松果腺激素。在夏季长日照期使用外源性褪黑素，通过提高动物体内褪黑素水平，可模拟短日照作用，诱导动物冬毛提前生长和成熟，有助于减少由于寒冷应激造成的动物体重减轻和毛皮损伤，从而降低饲养成本。

【用法与用量】　狐 2 粒（20 毫克）/ 只，水貂 1 粒 / 只。背部两肩胛骨间颈部皮下埋植。成年兽 6 月中旬为宜；仔兽不宜过早使用，晚些效果较好，一般 7 月 10～15 日为宜；留作种用的狐一般不使用褪黑素。

2. 黄 体 酮

【作　用】　在雌激素作用基础上，黄体酮可促进子宫内膜及腺体发育，抑制子宫肌收缩，减弱子宫肌对催产素的反应，起"安胎"作用；通过反馈机制抑制垂体前叶促黄体素的分泌，抑制发情和排卵。另外，与雌激素共同作用，刺激乳腺腺泡发育，为泌乳做准备。可用于习惯性或先兆性流产和雌性动物同期发情。

【用法与用量】　黄体酮注射液，肌内注射，一次量，2～5 毫克 / 只。

3. 绒毛膜促性腺激素

【作　用】　用于促进母兽发情。

【用法与用量】　皮下或肌内注射，每次 100～250 单位。

九、维生素与矿物质饲料添加剂

1. 维生素　包括维生素 A、B 族维生素、维生素 C、维生素 D、维生素 E、生物素等，是机体代谢必需物质。市场上产品主要是电解多维及多维素等。常用鱼肝油补充维生素 A、维生素 D。

2. 微量元素　铁、锌、铜、锰、碘等是体内代谢必需物质，缺乏时会引起各种临床症状，导致生产性能下降。常见产品为电解多维。

十、微生态制剂

此类产品可调整动物体内的微生态失调，保持微生态平衡。

1. 乳酸菌类　包括嗜酸乳杆菌、嗜热乳杆菌、双歧杆菌、醋酸菌群。

2. 杆菌类　枯草芽胞杆菌、纳豆芽胞杆菌、地衣芽胞杆菌、蜡状芽胞杆菌、放线菌群。

3. 产酶益生素　筛选的益生素可以产酶，促进消化。

4. 复合菌类　用于发酵处理污水、垃圾、秸秆生产生物肥料、生物饲料。

第二节　生物制品的种类及特点

一、疫 苗 类

1. 犬瘟热弱毒冻结疫苗

【作用与用途】　用于预防水貂、狐、貉等毛皮动物犬瘟热病。

【用法与用量】　皮下注射，狐、貉无论大小均每只 3 毫升，芬兰狐每只 4 毫升，水貂每只 1 毫升。每年免疫 1 次，间隔 6 个月，仔兽断奶后 2～3 周接种。

【不良反应】　一般无可见的不良反应。

【注意事项】

①疫苗应在 -15℃以下保存。

②疫苗在运输过程中需避光、保温。

③每瓶解冻后一次性用完。

④疫苗不能与防腐消毒药物接触。

⑤疫苗接种后发生过敏反应，可立即皮下或肌内注射盐酸肾上

腺素 0.5～1.0 毫升抢救，并采取适当的辅助治疗措施。

⑥仅用于健康动物接种；如果动物处于某些传染病潜伏期、营养不良、寄生虫感染、应激状态下或存在免疫抑制，均可能引起免疫失败。

2. 水貂犬瘟热（冻干）活疫苗

【作用与用途】　用于预防水貂、狐犬瘟热。免疫期均为 6 个月。

【用法与用量】　皮下接种。按瓶签注明头份，用灭菌注射用水或适宜的稀释液稀释成每头份 1 毫升。水貂、狐狸在断奶 14～21 日后或种兽配种前 30～60 日接种疫苗。水貂每只 1 毫升；狐狸每只 3 毫升。

【不良反应】　一般无可见的不良反应。

【注意事项】

①疫苗在运输时应避光，在冷藏条件下运输。

②疫苗不能与防腐消毒药物接触。

③疫苗溶解后应及时注射。

④疫苗瓶和未用完的疫苗应做消毒处理。

⑤疫苗瓶破裂、透气者不得使用。

⑥疫苗接种后发生过敏反应，可立即皮下或肌内注射盐酸肾上腺素 0.5～1.0 毫升抢救，并采取适当的辅助治疗措施。

⑦仅用于健康动物接种；如果动物处于某些传染病潜伏期、营养不良、寄生虫感染、应激状态下或存在免疫抑制，均可能引起免疫失败。

3. 狐传染性脑炎弱毒冻结疫苗

【作用与用途】　用于预防腺病毒引起的狐狸脑炎。

【用法与用量】　皮下注射，无论狐大小均每只 1 毫升。每年免疫 2 次，间隔 6 个月，仔兽断奶后 2～3 周接种。

【不良反应】　一般无可见的不良反应。

【注意事项】

①疫苗应在 –15℃以下保存。

②疫苗在运输过程中需避光、保温。

③每瓶解冻后一次性用完。

④疫苗不能与防腐消毒药物接触。

⑤疫苗接种后发生过敏反应，可立即皮下或肌内注射盐酸肾上腺素 0.5～1.0 毫升抢救，并采取适当的辅助治疗措施。

⑥仅用于健康动物接种；如果动物处于某些传染病潜伏期、营养不良、寄生虫感染、应激状态下或存在免疫抑制，均可能引起免疫失败。

4. 狐传染性脑炎（冻干）活疫苗

【作用与用途】 用于预防狐脑炎，免疫期为 6 个月。

【用法与用量】 仔狐在断奶 21 日后或种狐配种前 30～60 日接种疫苗。按标签注明头份，用灭菌注射用水稀释后，皮下接种，每只 1 头份。

【不良反应】 一般无可见的不良反应。

【注意事项】

①疫苗在运输时应避光，在冷冻条件下运输。

②疫苗不能与防腐消毒药物接触。

③疫苗稀释后限当日内用完，注射前须将本品摇匀后使用。

④疫苗瓶和未用完的疫苗应做消毒处理。

5. 水貂病毒性肠炎灭活铝胶疫苗

【作用与用途】 用于预防水貂病毒性肠炎，免疫期为 6 个月。

【用法与用量】 皮下注射，49～56 日龄水貂，每只 1.0 毫升；种貂可在配种前 20 日，每只再接种 1.0 毫升。

【不良反应】 一般无可见的不良反应。

【注意事项】

①切忌冻结，冻结的疫苗严禁使用。

②使用前，应将疫苗恢复至室温并充分摇匀。

③接种时，应做局部消毒处理。

④用过的疫苗瓶、器具和未用完的疫苗等应做无害化处理。

6.巴氏杆菌多价灭活疫苗

【作用与用途】 用于预防水貂、狐狸、貉等毛皮动物由巴氏杆菌引起的败血症。

【用法与用量】 肌内注射，狐狸、貉无论大小均2毫升，水貂1毫升。每年免疫2次，仔兽断奶后2～3周接种。

【不良反应】 一般无可见的不良反应。

【注意事项】

①切忌冻结，冻结的疫苗严禁使用。

②使用前，应将疫苗恢复至室温并充分摇匀。

③接种时，应做局部消毒处理。

④用过的疫苗瓶、器具和未用完的疫苗等应做无害化处理。

水貂出血性肺炎疫苗（绿脓杆菌）、水貂冠状病毒等疫苗正在研制中，目前，已有产品进入中试阶段，相信不久会上市。

二、其他生物制品

（一）干 扰 素

【作 用】 本品是一组由病毒或其他诱生剂使生物体细胞产生的分泌性糖蛋白，具有抗病毒、免疫调节及抗病毒增殖作用。

【用法与用量】 肌内注射，一次5万单位/千克体重。

（二）转移因子

【作 用】 转移因子携带有致敏淋巴细胞的特异性免疫信息，能够将特异性免疫信息递呈给受体淋巴细胞，使受体无活性的淋巴细胞转变为特异性致敏淋巴细胞，从而激发受体细胞介导的免疫反应。

【用法与用量】 皮下注射，一次1单位（1单位为1亿个白细胞或淋巴细胞），每周1次。

（三）高免血清

1.犬五联高免血清

【作 用】 主要用于治疗犬、水貂、狐、貉的犬瘟热、犬细小病毒、传染性肝炎、狂犬病、副流感。

【用法与用量】 肌内注射，用量按说明书。

2. 犬二联高免血清

【作　用】 用于治疗犬、水貂、狐、貉的犬瘟热、细小病毒病。

【用法与用量】 肌内注射，用量按说明书。

高免血清使用注意事项如下：

①应在 −15℃以下冻结保存。

②运输过程中需避光、低温。

③每瓶解冻后一次性用完。

④发生过敏反应，可立即皮下或肌内注射盐酸肾上腺素0.5～1.0毫升及地塞米松抢救，并采取适当的辅助治疗措施。

⑤用于疾病早期或预防性治疗，疾病后期效果不佳。

第三节　药物的合理应用

一、药物的保存方法

药物的保存不合理或时间过长，就会引起变质失效。在疾病治疗过程中，使用变质失效药物会导致治疗效果下降或不起作用，耽误治疗时机。药物要妥善保存并且在有效期内使用。超过有效期的药品不得使用。

药物保存时注意外包装是否完整，塑料袋是否封严，瓶口是否拧紧，尽量减少药物与空气和水分的接触。药物存放在阴凉干燥处，要保持环境的清洁卫生，还要严防微生物和昆虫侵入。

1. 疫苗、血清等生物制品 一般灭活苗要求 0～8℃冷藏，弱毒苗、冻干苗及血清要求 −15℃以下冷冻保存。单支疫苗开盖使用后，剩余的在存放过程容易失效或被微生物侵入，应该不再使用并做无害化处理。

2. 化学药品 保管过程中注意防潮、防热、避光和防氧化。一般要求是，存放在温度不超过 20℃、空气相对湿度不超过 75% 的干燥处，用棕色容器或外有黑纸包裹的避光容器、严密的玻璃容器或密封的塑料袋盛放。

3. 中药材 在贮藏过程中，主要应避免虫蛀、发霉、变色、气味散失、枯朽、风化、融化粘连等变质现象。在阴凉干燥通风处存放，勤检查是否有虫害。

二、给药方法

常用的用药方法主要有内服、注射和外用。给药途径一般取决于药物的剂型，口服用片剂和粉剂，注射用针剂。药物的吸收方式、给药途径不同，药效的快慢、强弱也各有不同。在临床诊疗过程中，要根据疾病治疗需要、药物性质、动物大小选择给药途径。

（一）内服给药

主要是经肠道吸收。此投药方法简便易行，但药物吸收慢，作用慢，受其他因素影响多。

1. 群体拌料、饮水法 适用于毛皮动物有食欲、饮欲的情况。一般药物性质稳定，毒副作用小。多用于预防性治疗、驱虫及维生素和能量的补充。根据毛皮动物的采食量、饮水量和药物的可溶性、稳定性按一定比例混入饲料或饮水中。集中投服，投药前可限饲或限水一段时间，使毛皮动物空腹，在短时间内自行采食或饮用。若药物略有苦味可混入葡萄糖。因为狐、貉对苦味很敏感，对有苦味的饲料不愿采食，导致剩料很多；水貂则对苦味相对不敏感。

2. 灌服法 多用于个体或无食欲的毛皮动物。一般药物有异味，药量少。将药用水调成药液，保定动物，投药人捏住动物面颊，固定面部使其开口，沿着嘴角，用注射器或滴管缓缓灌服。投药后，要固定动物头部几分钟防止其将药液吐出。应用此方法时应做好个人防护，防止被动物咬伤或抓伤。此法缺点是人工耗费大，动物易产生应激。毛皮动物一般不采取该方法给药。

（二）注射给药

优点是药量准确、吸收快、见效快；缺点是对毛皮动物的惊扰大、耗人工。注射时必须用严格消毒的注射用具，粉针剂要用注射用水稀释，药物抽取规范操作，注射部位严格消毒，同时勤换针头防止交叉感染。毛皮动物注射给药一般采用皮下注射和肌内注射。

1. **皮下注射** 一般选用颈部、肩前、腋下、股内侧或腹下皮肤薄、松弛、易移动的部位注射。助手保定好动物，操作者用75%酒精棉球或2%碘酒消毒注射部位，一只手三指提起皮肤呈三角形，另一只手将注射器呈45°扎入三角形内，不见回血，缓缓将药物注射于皮下，用酒精棉球压迫片刻即可。疫苗免疫一般采用皮下注射。油类药物和刺激性药物易造成硬结或炎症，不宜皮下注射。

2. **肌内注射** 选用臀部和大腿外侧肌肉丰满部位，注意避开大血管、神经和骨骼。局部消毒后，注射器扎入肌肉一定深度，无回血，慢慢注入药物。

3. **静脉注射** 目前一般狐、貉采取后肢隐静脉注射，水貂不采取静脉注射。

4. **腹腔内注射** 腹膜面积大、吸收快，其药物作用速度仅次于静脉，一般用于治疗腹膜炎等腹腔疾病或补液。

（三）直肠给药

多用于便秘、毛球病等的治疗。将橡胶管或软塑料管涂上润滑油，缓缓插入肛门5～10厘米，灌入加热到40℃左右的液体（植物油或液体石蜡20毫升，肥皂水50毫升）。

（四）外用给药

多用于杀灭体表寄生虫和体表消毒。

1. **点眼滴鼻** 操作时注意用药后，要固定几分钟，防止药物甩出。

2. **涂搽** 多用于局部体表的创伤或寄生虫感染部位。先剪去用药部位周围被毛，清洁污物，再涂搽药物。如果患病部位有痂皮，如疥癣病，应先除掉痂皮，再涂搽药物，才能将病原螨虫虫体杀死。如痂皮较硬，可先用香油或甘油浸润痂皮，不可强行刮除痂皮伤害真皮组织。由于大部分药物对虫卵没有杀灭作用，应每次用药间隔5～7天并重复2～3次，以杀死幼虫。

3. 喷雾　多用于体表和环境消毒。注意药物的配比浓度和用药时间的长短。浓度过高，用药时间过长，谨防毛皮动物中毒。毛皮兽动物的嗅觉发达，尽量避免用有刺激性气味的药物。

三、给药剂量和用药原则

药物的剂量是决定动物体内血药浓度及药物作用强度的主要因素。在一定范围内，药效随着剂量的增加而增加，药物超过一定剂量或使用不当，就会对动物产生毒害作用。在临床诊治过程中，可根据药品的厂家推荐量、有效成分含量、毛皮动物个体的体重和采食（水）量的多少来综合考虑。一般抗菌药物为3～4天，同类抗菌药物用药不超过5天。

妊娠和哺乳动物谨慎用药。妊娠期间用药过量、长期用药、误用有缩宫作用的药物或激素，就会造成流产、化胎、畸形胎或仔兽发育不完全等情况的发生，特别是氟苯尼考，在配种前1个月内及妊娠期禁止使用。在哺乳期间用药，可因药物随乳汁排泄造成仔兽误食药物，导致仔兽药物中毒。

1. 尽量减少不必要的用药　在毛皮动物的饲养过程中，为了提高生产效益，应做到无病早防、有病早治。应尽量减少不必要的用药。

饲养管理人员应该认真观察动物群总体和个体的精神、采食、粪便状况以及口鼻有无分泌物、被毛情况。每天作好记录，及时发现患病动物。一旦发现患病动物应及时隔离饲养治疗，勤观察。动物舍保持整洁卫生，保证干燥、透光及通风良好。做好环境和用品、笼具的严格消毒，严防传染病，切断传播途径，消灭病原微生物。

用疫苗预防传染病是目前最经济实用的手段。

2. **注意联合用药**　联合用药是指应用多种药物进行治疗。多种药物治疗增加了药物之间的相互作用，为了尽量避免出现拮抗作用或毒性作用，所以除了确实有协同作用的联合用药外，一般避免盲目联合用药。目前联合用药效果确实的有：青霉素与链霉素合用，扩大抗菌谱；磺胺药与 TMP 或 DVD 合用抗菌作用增强；林可霉素和大观霉素合用；阿莫西林与克拉维酸合用；泰妙菌素与金霉素合用。

  联合用药时应注意药物的理化性质、药动学因素、药效学的影响和配伍禁忌。

  3. **维持毛皮动物肠道菌群，注意防止食物腐败**　毛皮动物都是食肉或杂食性动物，在野外生存时，由于运动较多，其抗病力很强，但是人工饲养后由于缺乏运动，其抵抗力大大下降，食物不新鲜或饲喂病死动物尸体，很容易引发整群发生疾病，导致重大损失。应注意以下几点：

  （1）精心饲养，加强管理，不喂发霉、变质、腐败的饲料。特别是夏季，气温很高，一定要把好饲料关，狐、貉在 2 小时内的剩料一定要清除，水貂要少喂勤添，防止变质而引发食物中毒。饲喂的鱼类、禽架、死胚蛋、雏公鸡、动物肝脏等，一定要保证无致病菌，最好煮熟饲喂。禽类产品携带病原的可能性很大，如沙门氏菌、大肠杆菌甚至禽流感病毒、鸡新城疫病毒等都可以感染毛皮动物，制熟后饲喂，大部分病原会被杀死，切断了传染源。

  （2）严把防疫关，按时免疫犬瘟热、病毒性肠炎等疫苗，必要时要加强防疫 1 次。对于健康动物群，天气炎热时要添加解暑药物，高温还容易引起细菌增殖，导致食物腐败，因此，可在饲料中添加 1 次治疗量的抗菌药物预防，时间大约选择在 7 月中旬到 8 月中旬之间。

  （3）有可疑病兽及时隔离饲养治疗。对相邻舍的毛皮动物密切关注，加强消毒，必要时全群投药进行预防性治疗。

  （4）在更换饲料时，不要突然改变，要有一个过渡适应期，一般 5～7 天，逐渐增添新饲料，减少原饲料，让毛皮动物的消化系统逐渐适应新饲料。

4. 注意标本兼治　治标是指针对疾病出现的症状，运用药物缓解或改善疾病症状，以达到恢复正常功能的目的，也称对症治疗。例如：有机磷中毒用解磷定解毒；发热可用退热药物；呼吸困难可用平喘药物等。治本是指药物用于消除原发致病因素，以达到治疗的目的。如：治疗寄生虫病用抗寄生虫药直接杀死寄生虫，用抗生素杀灭体内细菌。

四、药物使用原则

1. 药物的选择　用药合理与否，关系到治疗的成败。在选择用药时，必须考虑以下几点：①是否有用药的必要。在可用可不用的情况下不建议用药。②若必须用药，就应考虑疗效问题。在可供选择的同类药物中，应首选疗效最好的药。③药物疗效与药物不良反应的权衡。大多数药物都或多或少地有一些与治疗目的无关的副作用或其他不良反应。一般来说，应尽可能选择对动物有益无害或益多害少的药物，因此在用药时必须严格掌握药物的适应证，防止滥用药物。④联合用药可能使原有药物作用增加，称为协同作用；也可能使原有药物作用减弱，称为拮抗作用。提高治疗效应、减弱毒副反应是联合用药的目的，联合用药不当会导致治疗效应降低，毒副反应加大。配伍禁忌是指两种以上药物混合使用时，发生相互作用，出现使药物中和、水解、破坏失效等理化反应，同时可能发生浑浊、沉淀、产生气体及变色等外观异常的现象。有些药品配伍使药物的治疗作用减弱；有些药品配伍使副作用或毒性增强，引起严重不良反应；还有些药品配伍使治疗作用过度增强，超出了机体所能耐受的能力，也可引起不良反应。

2. 制剂的选择　同一药物、同一剂量、不同的制剂会引起不同的药物效应，这是因为制造工艺不同导致了药物生物利用度的不同。选择适宜的制剂也是合理用药的重要环节。

3. 剂量的选择 为保证用药安全、有效，通常采用最小有效量与达到最大治疗作用但尚未引起毒性反应的剂量之间的那一部分剂量作为常用量。

4. 给药途径的选择 不同给药途径影响药物在体内的有效浓度，与疗效关系密切。如硫酸镁注射给药产生镇静作用，而口服给药则导泻。各种给药方法都有其特点，临床主要根据患病动物的情况和药物特点来选择。口服是最常用的给药方法，具有方便、经济、安全等优点，适用于大多数药物和患病动物；缺点主要是吸收缓慢而不规则，药物可能刺激胃肠道，在到达全身循环之前在肝内部分破坏，不适用于昏迷、呕吐及哺乳期幼兽等。注射给药具有吸收迅速而完全、疗效确实可靠等优点。局部表面给药，如涂搽、点眼、喷雾、湿敷等，主要目的是在局部发挥作用。

5. 给药时间间隔、用药时间及疗程的选择 适当的给药时间间隔是维持血药浓度稳定、保证药物无毒而有效的必要条件。给药时间间隔过长，不能维持有效的血药浓度；间隔过短，可能会使药物在体内过量，甚至引起中毒。药物的服用时间应根据具体药物而定：易受胃酸影响的药物应进食前服，如抗酸药；易对胃肠道有刺激的药物宜饭后服，如阿司匹林等。

疗程的长短应视病情而定，一般在症状消失后即可停药，但慢性疾病需长期用药者，应根据规定疗程给药。另外，疗程长短还应根据药物毒性大小而定。

6. 影响药物作用的机体因素 有些动物对某种药特别敏感，称为高敏性；反之，对药物敏感性低，则称为耐受性。因此，临床用药既要根据药物的药理作用，又要考虑动物个体情况。影响药物作用的机体因素主要包括年龄、性别、病理状态、精神、遗传和营养状态等。

7. 给药对象的选择 如果确定疾病不是传染病，可以对患病动物单独用药，以促进快速康复，如难产、外伤、消化不良等，仅出现 1～2 只患兽；如果确定为传染病，则必须按照相关疾病的要求，全群用药，并采取相应措施，不得拖延。

五、抗菌药物的合理运用

目前，抗菌药物的不合理使用尤其是滥用的现象较多，一方面造成药品浪费，生产成本增加，另一方面还造成药物的不良反应增多，细菌耐药性产生或增强。为了降低生产成本，发挥药物的作用，提高药物治疗水平，必须合理使用抗菌药物。

1. 正确诊断，严格选药 每一种抗菌药都有相适应的抗菌谱。在毛皮动物疾病治疗过程中，应正确诊断，明确致病菌，选择对病原菌高度敏感的药物。如果有条件，可根据细菌的分离鉴定和药敏试验的结果来合理选择抗菌药。对无临床指征或指征不强者尽量避免使用抗菌药。例如：毛癣病主要是真菌引起，如未并发细菌性疾病（出现毛囊脓肿），就不要选用一般抗细菌药物，而应选用对真菌敏感的药物。

2. 制定合理的给药方案 抗菌药在机体内要发挥杀灭或抑制病原菌的作用，必须在靶组织或器官内达到有效的浓度，并能维持一定的时间。在抗菌药的选择中必须考虑药物的特点，再根据毛皮动物的病情和体况，制定出合理的给药方案，包括药物品种、给药途径、剂量、间隔时间及疗程等。用药剂量要准确，时间应充足，一般5～7天。

3. 防止耐药性的产生 大部分细菌都会产生耐药性，其中以金黄色葡萄球菌、大肠杆菌和绿脓杆菌最易产生耐药性。为了防止耐药菌株的产生，应注意以下几点：①严格掌握适应证，不滥用抗菌药物。②严格掌握用药指征。病原不明者，不轻易使用抗菌药。用药剂量要足，时间适当。③尽可能避免局部用药，并杜绝不必要的预防用药。④尽量减少长期用药。防止大剂量用药，治疗时间超长。

第三章

消毒技术

当前，毛皮动物养殖业的发展逐步形成规模化，一旦发生传染病，损失往往不是以个体计算的。传染病的发生不是孤立的，其流行需要有传染源、传播途径和易感动物三种因素同时存在。而病原体的侵入往往受到养殖场整体管理水平的影响。养殖场环境卫生条件的好坏，对疾病发生和发展有着重要的影响。消毒能够既经济又快速地改善养殖场环境。

第一节　消毒基础知识

一、消毒的分类

消毒是针对病原微生物的，并不要求消除或杀灭所有微生物；它是相对的而不是绝对的，它只要将有害微生物的数量减少到无害程度，而并不要求把所有有害微生物全部杀灭。在规模化养殖场，可根据消毒的目的不同，将消毒分为预防性消毒、疫源地消毒、疫点消毒和疫区消毒。预防性消毒是对饲养场所环境、运输工具、食具、饮水、粪便污水无害化处理和皮毛原料的消毒，旨在未发现传染病的情况下，对有可能被病原微生物污染的场所、物品和动物体进行消毒，可有效地减少传染病的发生；疫源地消毒是指对存在或曾经存在的传染源及被病原体污染的场所进行消毒，旨在杀灭或清除传染源排出的病原体；在传染源排出病原体后，随时将其排泄物、污染物品和场所进行的消毒又称为随时消毒；养殖场对传染病染病动物治愈或死亡后，对动物舍进行的消毒又可称为终末消毒；疫点消毒范围一般包括发病动物、疑似发病动物或病原微生物携带者及工作生活与发病场密切相关的人员，旨在对发病场、疑似发病场或发现病原微生物携带者地点的消毒处理，切断传播途径；疫区消毒是指对连接成片的多个疫源地范围内的消毒处理，主要包括环境消毒、饮水消毒、污水消毒、养殖场消毒、食品消毒与人员的卫生处理等。

二、消毒剂作用机理

了解消毒剂作用机理，可以指导日常消毒工作的正确实施，提高消毒效果。消毒剂作用机理总结起来基本上可归纳为以下几方面。

（一）通过与病原直接接触，杀灭病原微生物

这类消毒剂的配比浓度越高，消毒效果就越好；温度越高，消毒效果就越好；环境中有机物越少，消毒剂碰到病原微生物的机会就越多，消毒效果就越好。具体使用时，须注意配比浓度、环境温度和环境中有机物浓度。具体作用机理包括以下几方面。

1. 使病原体蛋白质变性、沉淀 这类消毒剂的作用特点是杀菌、杀病毒无选择性，可损害一切生命物质，属于原浆毒，消毒过程中可破坏宿主组织，即对动物有毒性，引起动物应激，污染环境，破坏设备。此类消毒剂仅可用于空室、环境消毒，不能用于带动物消毒。如酚类、醛类、强碱类等。

（1）酚类消毒剂 具有臭药水味的一类消毒剂。这类消毒剂商品名最多，其中苯酚对芽胞、病毒无效，复合酚含 41% ～ 49% 的酚和 22% ～ 26% 的醋酸，是酚类消毒剂中消毒效果最好的。常用于消毒池和排泄物的消毒，不能带畜消毒。具体消毒时须先把环境冲洗干净，浓度要达到 0.5% 以上，温度不能低于 8℃，消毒效果才好。禁止在碱性环境或同碱性溶液及其他消毒液混合使用。这类消

毒剂可用于消毒池。

（2）碱类消毒剂 氢氧化钠（烧碱）、生石灰等。常用2%～3%氢氧化钠和10%～20%石灰乳消毒及刷白动物舍墙壁、屋顶、地面等，配制氢氧化钠溶液时提高温度、加入食盐，消毒效果更佳。用氢氧化钠液消毒时应注意防护，消毒动物舍地面后6～12小时，应用清水冲洗干净，以免引起毛皮动物趾足和皮肤损害。干石灰不能用，应用现配的20%石灰乳消毒才有效。

（3）醛类消毒剂 福尔马林（40%甲醛溶液）、戊二醛。甲醛是良好的熏蒸消毒剂。熏蒸消毒要求较高的室温（高于18℃），空气相对湿度为80%左右；低于15℃，甲醛很容易聚合成聚甲醛而失去消毒功效。甲醛气体消毒穿透力较差，应将物体特别是垫料尽量散开，福尔马林长期贮存或水分蒸发后会变成白色多聚甲醛沉淀，从而失去消毒效果，需加热至100℃变成甲醛再用。戊二醛常用其2%溶液，消毒效果好，不受有机物影响，若用0.3%碳酸氢钠作缓冲剂，效果更好。

2. 干扰病原体的重要酶系统，影响菌体代谢 主要有氧化剂和卤素类消毒剂。此类消毒剂是通过氧化还原反应损害细菌酶的活性基因或因化学结构与代谢物相似，竞争或非竞争性地同酶结合，抑制酶的活性，引起菌体死亡。高浓度时具一定毒性，可用于空室消毒，也可带畜消毒。

（1）氧化剂类消毒剂

①过氧乙酸 又名过醋酸，有强烈的醋酸味，性质不稳定，易挥发。最好用市售20%浓度、在半年内生产的。现配现用，对真菌和芽胞均有效。一般使用浓度为0.1%～0.5%。过氧乙酸在酸性环境中作用力强，不能在碱性环境中使用。

②高锰酸钾 常与甲醛溶液混合用作熏蒸消毒。也可用作饮水消毒。

（2）卤素类消毒剂

①氯化合物 是具有氯臭（漂白粉味）的一类消毒剂，包括二

氯异氰尿酸钠、漂白粉等。新出厂的氯化合物消毒力特别强，但性质不稳定，作用力不持久。因氯遇水以后，可生成盐酸和次氯酸，所以氯化合物在酸性环境中消毒力较强，在碱性环境下作用力减弱，对金属有一定的腐蚀作用，对组织有一定的刺激性。一般用其0.5%～1%溶液杀灭细菌和病毒，用5%～10%溶液杀灭芽胞。冬季用量是夏季的2～3倍，作用时间是夏季的3～5倍。氯化合物消毒剂使用时要求稀释的水要干净无杂质，动物舍、地面、墙壁也要冲洗干净，氯化合物尽量用新制的，当有效氯降低至16%时不能用于消毒。

②碘与碘化合物　是具有碘伏、碘酊一样的棕色颜色和气味的消毒剂。碘为灰黑色固体，极难溶于水，且具有挥发性。碘有较强的瞬间消毒作用，在酸性环境中杀菌力较强，在碱性环境及有机物存在时，其杀菌作用减弱。碘化合物的产品浓度比较低，一般只有1%～3%，有的只有0.01%～0.1%，在使用时要特别注意消毒液的配比浓度和清除有机物。在畜牧业上多用碘与表面活性剂络合而成的产物（碘伏），配比使用浓度视情况为50～150毫克/升，50毫克/升能杀灭细菌，150毫克/升能杀灭病毒。

（二）通过正负电荷互相吸引原理，杀灭病原微生物

消毒剂所带正电荷能主动吸引和吸附表面具有负电荷的物体，如细菌、病毒蛋白质、设备和器具内外表面等。正负电子相吸引，使消毒剂分子与细菌、病毒蛋白质接触，产生杀灭作用，如目前广泛使用的季铵盐类阳离子表面活性剂。此类消毒剂能增加病原体细胞膜的通透性，降低病原体的表面张力，引起重要的酶和营养物质漏失，使病原微生物的呼吸及糖酵解过程受阻，菌体蛋白变性，水分向菌体内渗入，使病原体破裂或溶解而死亡，呈现杀菌杀病毒作用。

季铵盐类阳离子表面活性剂抗菌抗病毒谱广，作用快，低浓度就能杀灭细菌、病毒、真菌。季铵盐类阳离子表面活性剂是一类化学结构的总称，因其分子结构不同，消毒效果各不相同。有些季铵

盐消毒力极低，有些则特别强。季铵盐又可分为单链季铵盐类消毒剂和双链季铵盐类消毒剂。双链季铵盐的消毒效果一般是单链季铵盐的几倍。双链季铵盐化合物中又因分子结构中碳链的数量和长度不同，消毒效果各不相同。所带碳链多、界面活性大而产生极强的吸引力，主动吸引细菌、病毒等病原微生物并致其质变死亡。双链季铵盐阳离子表面活性剂又因分子结构中所含卤族类元素不同，消毒效果也不相同，以含溴离子的消毒效果较好，因为卤族类元素中，溴化合物比氯稳定，比碘长效。

第二节　消毒剂的选择

一、消毒剂选择原则

由于消毒对象和应用场合的不同，所要考虑的因素也有所不同，但作为优秀的消毒剂应当具备以下特点：

（1）消毒谱广，对各种微生物都有效；药效显著，不受外部环境的干扰和影响，有强大的耐硬水性能，对环境有较强的适应能力；穿透力强，有较高的抗有机质的性能；作用迅速。

（2）水溶性好，性质稳定，不易氧化分解，不易燃易爆，适于贮存。

（3）发挥全面消毒功效。

（4）腐蚀性、刺激性小，减少对各种金属、塑料、木材以及动物皮肤、黏膜的损害。

（5）对环境污染小，价格低廉，易于使用操作。

（6）高效，低浓度时仍具有很好的消毒能力。

（7）消毒速度快，作用持久，在低温下使用仍然有效。

（8）受有机物影响小，耐酸碱环境。

（9）无味无臭，消毒后易于除去残留药物。

（10）性质稳定，不易分解、降解，便于运输。

二、影响消毒剂效果的因素

（一）消毒剂本身特点

针对所要消毒的微生物种类，选择适当的消毒剂很关键。如果要杀灭细菌芽胞或非囊膜病毒，则必须选用高效消毒剂（如碘制剂或氯制剂），才能取得可靠的消毒效果；若使用酚制剂或季铵盐类消毒剂则效果很差。季铵盐类是阳离子表面活性剂，有消毒作用的阳离子具有亲脂性，杀囊膜病毒（囊膜中含有不少脂质成分）效果较好，但对非囊膜病毒就无能为力了。所以，为了取得理想的消毒效果，必须根据消毒对象及消毒剂本身的特点科学地进行选择，这样才能确保有效。

（二）消毒剂配方

良好的配方能显著提高消毒的效果：如季铵盐类消毒剂用70%乙醇配制比用水配制穿透力更强，杀菌效果好；甲酚的肥皂溶液就可杀死大多数繁殖体型细菌。戊二醛和环氧乙烷联合应用，二者具有协同效应，可提高消毒效力；另外，使用具有杀菌作用的溶剂，如甲醇、丙二醇等配制消毒液时，常可增强消毒效果。当然消毒药之间也会产生拮抗作用，如酚类（苯酚、复合酚等）不宜与碱类消毒剂混合，阳离子表面活性剂（季铵盐类型阳离子表面活性剂）不宜与阴离子表面活性剂（肥皂等）及碱类物质混合，否则彼此会发生中和反应，产生不溶性物质，降低消毒效果。因此，消毒药不能随意混合使用，但可考虑选择几种产品轮换使用。

（三）消毒剂浓度

通常消毒剂的消毒效果与其浓度呈正比。在配制消毒剂时，要选择有效而又对人畜安全并对设备无腐蚀的浓度。每种消毒剂都有它的最低有效浓度，若低于该浓度就会丧失消毒能力；但浓度也不宜过高，否则不但造成不必要的浪费还可能造成腐蚀性、刺激性或毒性增强。因此随意配制是不可取的，应按照说明书正确使用。

（四）外界环境因素

1. **温度**　通常温度升高，消毒速度会加快，药物的渗透能力也会增强，可显著提高消毒效果。如福尔马林在室温 15℃以下用于消毒，即使用其有效浓度，仍不能达到很好的消毒效果；如果将室温提高到 20℃以上，则消毒效果非常好。

2. **酸碱度**　酸碱度可从两方面影响消毒效果，一是对消毒剂本身的作用，许多消毒剂对酸碱度很敏感，pH 值变化可改变其溶解度、离解度和分子结构；二是对微生物的影响，病原微生物的适宜生长 pH 值在 6～8，pH 值过高或过低有利于杀灭病原微生物。酚类、次氯酸等是以非离解形式起杀菌作用，所以在酸性环境中其杀菌效果好，碱性环境就差。在偏碱性时，细菌带负电荷多，有利于阳离子型消毒剂的作用；而对阴离子消毒剂来说，酸性条件下消毒效果更好些。新型的消毒剂常含有缓冲剂等成分可以减少酸碱度对消毒效果的直接影响。

3. **有机物的存在**　消毒现场通常会遇到各种有机物，如分泌物、脓液、饲料残渣及粪便等，这些有机物的存在会严重消耗消毒剂，从而降低消毒效果。究其原因主要是：有机物覆盖在细菌表面，妨碍消毒剂与病原直接接触而延迟消毒反应，以致对病原杀不死、杀不全。因此消毒前必须做好清洁卫生。

4. **病原微生物因素**　不同类型的微生物对消毒剂的敏感性不同，因此消毒时应根据具体情况科学地选用消毒剂。

（1）病原类型　通常革兰氏阳性菌要比革兰氏阴性菌对消毒剂更敏感；革兰氏阳性菌对季铵盐类比革兰氏阴性菌敏感；革兰氏阳性菌易被卤素灭活，对酚制剂也很敏感。

细菌芽胞具有较厚的芽胞壁和多层芽胞膜，结构坚实，含水量少，大多数消毒剂是不能杀灭细菌芽胞的，例如酚类、季铵盐类、乙醇类等，只有在浓度较高时才可抑制芽胞的生长发育。目前公认的杀灭芽胞类消毒剂主要有：戊二醛、甲醛、环氧乙烷及氯制剂和碘伏等。

病毒分为有囊膜病毒（亲脂病毒、憎水病毒）和无囊膜病毒（亲水病毒）两类。具有亲脂特性的消毒剂对囊膜病毒是有效的，如酚类制剂、阳离子表面活性剂、季铵盐类等消毒剂，但其对非囊膜病毒的效果就很差。对于非囊膜病毒必须用高效消毒剂才能确保有效杀灭，常用的高效消毒剂有碱类、过氧化物类、醛类、氯制剂和碘伏类等产品。

（2）病原数量 若待消毒区域病原微生物数量较多，则消毒剂的用量要加大，消毒时间也要延长，这样才能达到良好的消毒效果。特别是重污染区或高危区域，如产仔箱、配种室及伤口等破损处应先做好卫生工作，除去表面污物，然后再消毒，并适当增加消毒次数。

第三节 常用消毒剂的配制及使用

一、常用消毒剂种类

1. **氢氧化钠（烧碱、火碱、苛性钠）** 对细菌（如巴氏杆菌）、病毒（如犬瘟热病毒）、寄生虫卵（螨、虱）都有杀灭作用，常用 2%～3% 的热水溶液消毒动物舍、食槽、运输用具及车辆等，在使用过程中要防止对人的皮肤、铝制品、油漆物品、棉毛织品等的损害。

2. **高锰酸钾** 0.05%～0.1% 溶液用于饮水消毒；2%～5% 水溶液用于浸泡、洗刷饮水器及食具等；与甲醛配合，用于动物舍的熏蒸消毒。

3. **生石灰** 一般加水配成 10%～20% 石灰乳液，粉刷动物舍的墙壁，寒冷地区常洒在地面或动物舍出入口作消毒用。

4. **漂白粉** 能杀灭细菌、芽胞、病毒及真菌，用于动物舍、食槽、车辆的消毒。一般用 5%～20% 混悬液喷洒，有时可撒布其干燥粉末。用于饮水消毒，1 升水中加入 0.3～1.5 克漂白粉，不但杀菌，还有除臭作用。

5. 来苏儿　即煤酚溶于肥皂溶液中所制成的50%煤酚皂溶液。用时加水稀释成2%来苏儿，用于洗手、皮肤和外伤的消毒。3%～5%来苏儿用于外科手术器械、动物舍、食槽的消毒。也可用于内服治疗腹泻、便秘，一次内服2～3毫升，加水100～150毫升。

6. 过氧乙酸（过醋酸）　市售商品为15%～20%溶液，有效期6个月，应现用现配。0.3%～0.5%溶液可用于动物舍、食槽、墙壁、通道和车辆喷雾消毒，0.1%可用于带动物消毒。

7. 福尔马林（甲醛溶液）　配制成4%溶液，用于手术器械的消毒，浸泡30分钟。也可用于动物舍熏蒸消毒。消毒方法：每立方米密闭空间用20毫升福尔马林，加等量水，加热使其挥发成气体，室温15℃以上、空气相对湿度60%～80%条件下，消毒8～10小时。

8. 次氯酸钠　含有效氯量14%。常用0.3%浓度作动物舍和各种器具表面消毒；也可用于带动物消毒，常用浓度为0.05%～0.2%。

9. 百毒杀、1210　均为季铵盐类，具有较好的消毒效果，常用量为0.1%，带动物消毒常用量为0.03%，饮水消毒按0.01%剂量。

10. 新洁尔灭　又称苯扎溴铵，0.1%溶液用于手部消毒，浸泡消毒皮肤、外科手术器械和玻璃用具。0.01%～0.05%溶液用于阴道、膀胱黏膜及深部感染创的冲洗消毒等。浸泡器械时，应加入0.5%亚硝酸钠，以防生锈。忌与肥皂、碘酊、高锰酸钾、升汞等合用。

11. 绿都金碘　高效含碘消毒防腐药，10%聚维酮碘溶液。可有效杀灭各种病毒、细菌、芽胞、支原体及真菌。可直接用于皮肤、机体消毒及场地、食具的消毒。安全广谱、无刺激、应用范围广。使用方法见表3-1。

表 3-1　绿都金碘使用方法

应用对象	稀释比例	使用方法	使用时间
饲养场所、器具消毒	1:1500	喷洒消毒	可长期使用
带动物喷雾消毒	1:2000	喷雾消毒	每周 2 次
饮水消毒	1:10000	饮水	可长期使用
场地环境消毒	1:1500	冲洗	7 天 1 次
动物疾病转归期	1:1000	喷雾消毒	2 天 1 次
病毒传染病暴发期消毒	1:500～1000	冲洗喷雾	1 天 3～5 次
器具消毒	1:2000	浸泡消毒	7 天 1 次
消毒池	1:500～1000	浸泡	7 天 1 次

12. **菌毒敌（毒菌净、农乐）** 本品为复合酚，含酚 41%～49%、醋酸 22%～26%，主要用于笼舍、排泄物的消毒。通常施药 1 次，药效可维持 7 天，喷洒浓度为 0.35%～1%。

13. **二氯异氰尿酸钠粉** 含二氯异氰尿酸钠分别为 25%、45%，高效消毒药。杀菌谱广，对繁殖型细菌和芽胞、病毒、真菌孢子有极强的杀灭力，能有效控制传染病的发生和流行。主要用于动物舍、兽笼、器具及饮水等消毒。本品使用方便，安全，无药残。45% 浓度可用于烟熏消毒，高效无残留。使用方法见表 3-2。

表 3-2　二氯异氰尿酸钠粉使用方法

应用对象	稀释比例	使用方法	使用时间
饲养场所、器具消毒	1:1500～2000	冲洗喷雾	可长期使用
疫源地消毒	1:1000	冲洗喷雾	1 天 1～2 次
饮水消毒	1:3000～5000	饮水	可长期使用
烟熏消毒	1～2 克／米^3	烟熏	可长期使用

烟熏消毒操作方法：将药物均匀分放，用火柴或烟头点燃后迅速离开，将门窗密闭 24 小时，通风 1 小时后人员方可进入，用量

视污染程度，重者 $3 \sim 5$ 克/米^3。

14. **绿都喜卫酸**　主要成分为戊二醛与癸甲溴铵，为复合、高效消毒防腐药。可有效杀灭细菌的繁殖体和芽胞、真菌、病毒。可用于养殖场、公共场所、设备器械等的消毒。特点：广谱高效、作用持久。使用方法见表 3-3。

表 3-3　绿都喜卫酸使用浓度表

应用对象	稀释比例	使用方法	使用时间
饲养场所、器具消毒	1:1500 ~ 2000	喷洒消毒	可长期使用
带动物喷雾消毒	1:2000	喷雾消毒	每周 2 次
饮水消毒	1:5000	饮水	随机
场地环境消毒	1:1000 ~ 1200	喷雾消毒	2 天 1 次
动物疾病转归期	1:1000	冲洗喷雾	1 天 3 ~ 5 次
疫病发生时环境消毒	1:2000 ~ 2500	浸泡消毒	7 天 1 次
器械、设备等消毒	1:500 ~ 1000	浸泡	7 天 1 次

15. **绿都牧安**　主要成分为戊二醛，属高效消毒防腐药，中性消毒剂。能够迅速杀灭各种病毒、细菌、真菌等病原微生物，用于养殖场、环境、场地、手术器械、设备消毒。具有广谱、高效和速效的消毒作用。使用方法见表 3-4。

表 3-4　绿都牧安使用方法

应用对象	稀释比例	使用方法	使用时间
饮水消毒	1:3000 ~ 4000	平时预防	长期或定期使用
	1:2000 ~ 3000	疫病发生时	连续使用 7 天
动物舍环境及器具消毒	1:3000 ~ 5000	平时预防	喷洒、冲洗、洗涤、浸渍
	1:1000 ~ 2000	临近场发病时	
	1:300 ~ 500	疫病发生时	

16. **癸甲溴铵 – 碘消毒剂**　为广谱高效复合消毒防腐药。主要用于养殖场的器具消毒、喷雾消毒，也用于防治动物细菌性和病毒性疾病。浸泡、喷撒、喷雾动物舍、器具，用水配成 0.02%～0.05% 的溶液（以癸甲溴铵计，1∶2000 倍稀释）。

二、消毒剂配制使用注意事项

1. **保证浓度适宜**　任何一种消毒药的消毒效果都取决于其与微生物接触的有效浓度，同一种消毒剂的浓度不同，其消毒效果也不一样。大多数消毒剂的消毒效果与其浓度呈正比，但也有些消毒剂浓度的增大消毒效果反而下降。因此，应该严格按说明书要求使用。

2. **使用合适容器配制**　首先要保持容器洁净，还要保证其材质不与消毒剂发生化学反应，降低消毒效果。

3. **现配现用**　消毒剂应现配现用，不宜久放。有些消毒剂制成溶液后，活性只能维持几个小时。如果消毒液配制后放置时间过长，超过几天，或者被粪便之类的有机物质污染，就会失去活性，起不到消毒效果。

第四章
养殖场生物安全体系建立

近年来，我国毛皮动物养殖在规模上有了较大的发展，经营单位饲养数量增加较快，但生物安全水平未能有相应提高，并且存在着以下几个问题：一是很多规模化的养殖场被周边的庭院式养殖包围，各种人员及野生动物随意进入场内，疫病传入的风险很大。二是对疾病防控存在认识误区，免疫及兽药应用程序制定不合理，不能科学地使用疫苗和兽药，而是过分地依赖疫苗和兽药乃至滥用。生物安全意识不强，动物粪便随意堆放，病死兽尸体任意丢弃，导致病原扩散。三是在饲养管理上存在不足，如通风不良，密度过大，没有严格的清洁和消毒程序，动物性饲料保存不当变质或被污染等问题。

建立完善的生物安全体系是毛皮动物疾病防治的基础和前提，是提升毛皮动物产品质量和行业竞争力的必然选择。与传统的兽医卫生措施相比，生物安全体系更加强调和重视毛皮动物养殖中各个环节的联系，通过生物安全措施有效控制疫病传播，减少和去除致病因子。对于饲养数量较少的散养户更有必要学习生物安全的概念，以此来达到动物少生病甚至不生病的目的，从而提高养殖经济效益。

第一节　生物安全体系建立的基本策略

一般认为，生物安全措施的目标是保持环境的卫生清洁，兽群的健康和高生产性能，发挥最大的经济效益。针对疫病发生的三个基本要素：即病原体、易感动物和传播途径，通过完善养殖场舍工艺设计，建立对动物健康有利的生态环境，以改善环境、营养和管理措施，使动物体质增强，以有利于提高免疫效果。建立生物安全体系的所有措施都要围绕消灭传染源、切断传播途径、减少易感兽数量这三个方面展开。

（一）消灭传染源

传染源是散播病原体、引起传染病的根源所在。只有消除了传染源，传染病的发生和流行才会被遏制，所以传染源在传染病流行过程中起着十分重要的作用。养殖场禁止从疫区引进毛皮动物，以防传入疫病；当必须引入时，必须在检疫隔离室内进行为期30天左右的观察，无病后方可合群，并实行全进全出的饲养管理制度等一系列严格措施，从源头上控制传染病的发生和流行。

（二）切断传播途径

养殖场应针对各种疫病不同的传播方式，采取隔离、消毒等综合性措施将病原微生物和兽群隔离，切断传播途径，避免兽群感染发病。对进入毛皮动物养殖场的人员、车辆和设施采取控制、消毒等措施，大力清除场内有害昆虫及鼠类，减少和杜绝疫情随兽群及其产品、运输工具、昆虫等传播、扩散，以达到控制疫病传播和消灭疫病的目的。

（三）减少易感兽数量

减少易感兽，就是加强饲养管理，尽量给兽群提供一个舒适的环境，通过隔离、卫生消毒等措施可减少环境中微生物等病原体的数量，并在饲养过程中合理使用疫苗和药物，避免各种应激的产生，提高兽群的非特异性免疫力和特异性免疫力，有效提高兽群机体抵抗力，减少易感兽数量，从而保证了兽群健康，避免疫病流行。

在日常饲养过程中要注意培养健康兽群，包括添加防应激药物、日常保健、特异性免疫预防。毛皮动物听觉很灵敏，对各种声音很敏感，对强光及气温变化等也很敏感，很容易因上述因素而形成应激反应，导致机体抵抗力下降，此时应该在饲料或饮水中加入维生素、矿物质等以提高营养水平，防止兽群受到伤害，引发疾病。日常保健就是预防性投药，制定合适的投药程序，防止疾病发生。减少易感兽最为有效的措施就是对动物定期注射疫苗，制定合适的免疫程序，按程序防疫犬瘟热、细小病毒、肺炎球菌、绿脓杆菌等。在发生疾病时要紧急接种疫苗是一个很有效的措施。例如：发生犬瘟热后对全场紧急免疫犬瘟热疫苗，可以在 3～5 天控制疫情发展。如果整个兽群易感动物很少的话，那么就不会发生大规模疾病。但是，如果病兽达到一定数量时，病兽就会不断排毒，从而使局部区域内病原数量增加，浓度升高，从而突破健康、不易感动物的免疫屏障，那么疾病就会在养殖场发生大规模流行，甚至反复发作，从而导致严重损失。

生物安全体系是保证养殖业利润实现最大化的基础，因为生物安全体系的建立不仅降低了毛皮动物饲养管理难度和成本，同时有利于兽群发挥最大的生长、生产潜能，提高养殖者的经济效益。从经济角度讲，建立生物安全体系是最经济、最有效的预防和控制毛皮动物传染病传播和流行的方法。实践证明，毛皮动物养殖场建立生物安全体系所投入的人力、物力的总和，要比不建立或建立不完善而发生疫情所造成的兽群生产性能下降，以及用药、免疫、扑杀或死亡等所带来的经济损失小得多。

第二节　生物安全体系建立的具体措施

一、养殖场的选址和建筑布局

（一）场址选择

场址的选择是一项科学性和技术性较强的工作。场址的合理与否，直接影响到将来的生产发展。场址的选择，应以自然环境条件适合于动物生物学特性为宗旨，并以稳定的饲料来源为基础，根据生产规模及发展远景规划，全面考虑其布局。重点应考虑饲料、水和防疫条件，同时也要兼顾交通、电等其他条件。毛皮动物养殖场的用水量很大，因此，场地应选在地上或地下水源充足和水质好的地方。用地面积应与兽群数量及今后发展需要相适应。

兽舍要建在地势较高、地面干燥、背风向阳的地方。低洼泥泞，不利排出污水的沼泽地带，常有云雾弥漫和风沙侵袭严重的地区，不宜建场。

由于水貂的繁殖和换毛与光周期密切相关，而光周期的变化幅度又和地理纬度相关。因此，在建场时必须考虑当地的纬度。从历年的生产情况看，我国北纬30°以南地区不适宜发展水貂饲养业。因为在低纬度地区饲养时，其繁殖机能将受到抑制，生产性能和毛皮质量也会逐年下降。

（二）场地规划与布局

场址选好后，动工建场前应对兽场各部分建筑进行全面规划和设计，使场内各种建筑布局合理。养殖场一般分为三个功能区：即生产区（包括棚舍、饲料贮藏室、饲料加工室、粪污处理区等）、管理区（包括与经营管理有关的建筑物、职工生活福利建筑物与设备等）和疫病防治管理区（包括兽医室、隔离舍等）。

依据地势和主风向进行合理分区。职工生活区（居民点）应占全场上风和地势较高的地段；其次为管理区；生产区设在这些区的下风和较低处，但高于疫病防治管理区，并在其上风向。生产区与生活、管理区保持100米距离，生产区与疫病防治管理区保持200米距离。生活区、管理区的生活污水，不得流入生产区。

1. 管理区　养殖场的经营管理活动与社会联系极为密切。因此，在规划时，这个区位置的确定，应有效利用原有的道路和输电线路，充分考虑饲料和其他生产资料的供应、产品的销售以及与居民点的联系。养殖场的供产销运输与社会联系频繁，造成疫病传播的机会较多，故场外运输应严格与场内运输分开。在场外管理的运输车辆严禁进入生产区，车库应设在管理区。除饲料库以外，其他仓库需设在管理区。管理区与生产区应加以隔离。外来人员只能在管理区活动，不能进入生产区。

2. 生产区　是全场的工作重心，规模大的可分区规划与施工。为保证防疫安全，应将种兽和皮兽分开，设在不同地段，分区饲养管理。与饲料有关的建筑物，应建在地势较高处，并且应保证卫生与安全。毛皮动物养殖场的垫草用量大，堆放位置设在生产区的下风向，要考虑防火的安全性，与其他建筑物有 60 米以上的距离。贮粪场的位置应便于粪便运出，注意减少对环境污染。

3. 疫病防治管理区　为防止疫病传播，该区应设在生产区的下风与地势较低处，与棚舍保持 300 米的距离。病兽隔离舍应单独设置院墙、通道和出入口。该区的污水与废弃物应严格处理，防止疫病蔓延和对环境的污染。

（三）养殖场的主要建筑和设备

养殖场的主要建筑和设备包括棚舍、笼具和小室（窝箱）、饲料贮藏室、饲料加工室、毛皮加工室、兽医室、化验室等。

1. 棚舍　兽棚是安放笼箱的简易建筑，有遮挡雨雪及防止烈日暴晒的作用。结构简单，只需棚柱、棚梁和棚顶，不需建造四壁，可用石棉瓦、钢筋、水泥、木材等作材料。修建时应根据当地情况，就地取材，灵活设计，使棚舍既符合毛皮兽的生物学特性，又坚固耐用，搭建方便。棚舍的规格，通常棚长 25～50 米，棚宽 3.5～4 米，棚间距 3.5～4 米，棚檐高 1.4～1.7 米，要求日光不直射笼具。棚舍一般均为高窄式，内置 2 排笼具。也可适当增加跨度，达 8 米左右，为种兽与皮兽合用棚舍，两边养种兽，中间养皮兽。

2. 笼具和小室

（1）水貂笼具　貂笼多用电焊网编制，坚固耐用，而且美观。貂笼和小室的规格：种貂笼的长、宽、高（下同）为 60 厘米×45 厘米×40 厘米，皮貂笼为 60 厘米×35 厘米×40 厘米。小室（窝箱）是水貂休息和产仔、哺乳的地方，以 15～20 毫米厚的木板制成，规格：种貂为 50 厘米×32 厘米×40 厘米，皮貂为 26 厘米×26 厘米×40 厘米。

水貂的笼箱有许多规格和样式。带有活动隔板式的笼箱，是在小室内有一块可以装卸的隔板。非繁殖期装上隔板，将小室分为相等的两小间，每小间设有一圆形出入口（直径 10～12 厘米），同时配备 2 个貂笼，可供饲养 2 只水貂。繁殖期（妊娠、产仔哺乳期）取下隔板，使之变成一间，一室两笼养 1 只母貂。种貂的窝箱的出入口要离箱底高一些（5～10 厘米），必须安装插板口，以便于配种和产仔检查时使用。

貂笼的安置一般要求离地面 40 厘米以上，笼与笼的间距为 5～10 厘米，以免相互咬伤。笼门应灵活，在貂笼和窝箱内切勿露出钉头或铁丝头，以防损伤毛皮。无自动饮水装置的笼内要备有饮水盒，并固定在笼内侧壁上。为避免水貂拱翻食盒，应在笼门里边做一食盒固定架。

（2）狐、貉笼具 产皮狐、貉笼具 70～100 厘米×70 厘米×90 厘米。种狐、貉笼具 100～150 厘米×70～80 厘米×90 厘米；产箱用木质板材制作，长 60～70 厘米，宽不小于 50 厘米，高 45～50 厘米，要有活动的盖，小室靠近过道一侧，要留有 20 厘米×20 厘米大小的门，产箱不能用铁板及水泥板制作，防止仔兽腹部受凉。

3. 饲料加工室 是冲洗、蒸煮和调制饲料的地方，室内应具备洗涤饲料、熟制饲料的设备或器具，包括洗涤机、绞肉机、蒸煮罐等。室内地面及四周墙壁须用水泥抹光或铺、贴瓷砖，并设下水道，以便于洗刷、清扫和排除污水，保持清洁。

4. 饲料贮藏室 包括干饲料仓库和冷冻库。干饲料室要求阴凉、干燥、通风。冷冻库主要用来贮藏鲜动物性饲料，库温控制在 -15℃以下。小型场或专业户可在背风阴凉处修建简易冷藏室或购置冰柜。

5. 毛皮加工室 是用于剥取兽皮并进行初步加工的场所，设有剥皮台、刮油机、洗皮转鼓和转笼等。毛皮烘干应置于专门的烘干室内，温度控制在20~25℃。毛皮加工室旁还应建毛皮验质室。室内设验质案板，案板表面刷成浅蓝色，案板上方70厘米高处，安装4只40瓦的日光灯管，门和窗户备有门帘和窗帘，供检验皮张时遮挡自然光线用。

6. 兽医室和综合化验室 兽医室用于养殖场的卫生防疫和疫病诊断治疗；综合化验室用于饲料的质量鉴定、毒物分析，并结合生产开展有关科研活动。在养殖场大门及各区域入口处，应设相关的消毒设施，如车辆消毒池、脚踏消毒槽或喷雾消毒室、更衣室等。兽棚四周修建围墙，墙高1.7~1.9米。

二、引　种

引种是新建养殖场进行的一项重要工作。引入种兽的好坏直接影响以后产品的质量和数量。老场为改良原有兽群的质量，避免近亲繁殖，也要每隔几年适当引入一些优良种兽。为确保引种工作的成功，应该从饲养管理良好、兽群质量优良和卫生防疫好的兽场引种。在保证种兽质量的前提下，应就近引种，力求交通方便，便于运输，以减少途中的损失。引种时应注意以下事项：

第一，选择合适的时间引入种貂。正确引种的时间应选在准备配种前期进行，这个季节正值种兽换毛，可以从换毛早晚进行选种。一般引种工作在10~12月份进行。引种过早，不易观察到换毛情况；引种过晚，则种兽往往不适应新的生活环境，往往影响翌年的繁殖。如果两地相距较近，也可在繁殖前引种，一般不会影响繁殖。

第二，搞好检疫。引种运输前和到达运输地后都要进行检疫，并应在目的地隔离饲养一段时间，观察认定健康无病后再合群，以防疫病的传播，特别要注意布鲁氏菌病、狐狸加德纳氏菌病、水貂阿留申病及结核病的检疫。

第三，做好运输保护工作。运输种兽措施不当时，常引起种兽食欲下降甚至废绝，造成很大的应激。在长途运输途中，应供给充足新鲜的饲料和饮水，但供给量不宜太多，一般是平时饲喂量的

2/3 即可。运输时一般采用笼装，应注意密度不宜过大，保证通风，并要在途中遮光避免受惊。

第四，做好引种后的护理。刚引种来的种兽，对环境变化不适应，食欲减退。应根据种兽原有的饲养条件和饲料配方饲养，当动物逐渐适应环境后，改变笼位，增加与其他兽的接触次数，使之建立融洽的气氛，从而正常地配种繁殖。

三、人员管理

养殖场应建立严格的人员管理制度。所有与饲养、动物疫病诊疗及防疫监管无关的人员一律不得进入生产区。确因工作需要进出生产区的，需经养殖场（小区）负责人批准并严格消毒后方能进出。进出生产区的饲养员、兽医技术人员及防疫监管人员等都必须依照消毒制度和规范，严格消毒后方可进出。场内兽医不得随意外出诊治动物疫病，特殊情况需要对外进行技术援助支持的，必须经本场负责人批准，并经严格消毒后才能进出。各养殖栋舍饲养人员不得随意串舍，不得交叉使用圈舍的用具及设备。任何人不得将场外的动物及动物产品等带入场内。按规定做好本场（小区）人员进出及消毒记录。

四、建立消毒制度

日常生产中的消毒制度包括以下几个方面：

（1）合理选择消毒方法、消毒剂，科学制定消毒计划和程序，严格按照消毒规程实施消毒，并做好人员防护。

（2）生产区出入口设与门同宽、长至少 4 米、深 0.3 米以上的消毒池，各养殖栋舍出入口设置消毒池或者消毒垫。适时更换池（垫）水、池（垫）药，保持药液有效。

（3）生产区入口处设置更衣消毒室。所有人员必须经更衣、手部消毒，经过消毒池和消毒室后才能进入生产区。工作服、胶鞋等要专人使用并定期清洗消毒，不得带出。

（4）进入生产区车辆必须彻底消毒，同时应对随车人员、物品进行严格消毒。

（5）定期或适时对圈舍、场地、用具及周围环境（包括污水池、排粪沟、下水道出口等）进行清扫、冲洗和消毒，必要时带兽消毒，保持清洁卫生。同时要做好饲用器具、诊疗器械等的消毒。

（6）发生一般性疫病或突然死亡时，应立即对所在圈舍进行局部强化消毒，规范死亡动物的消毒及无害化处理。

（7）所有生产资料进入生产区都必须严格执行消毒制度。

（8）按规定做好本养殖场（小区）消毒记录。

五、消灭传播媒介

从传染源将病原体传播给易感动物的各种外界环境因素称为传播媒介，传播媒介可能是生物即媒介者，也可能是无生命的物质即媒介物或污染物。

1. **经空气传播**　某些传染病主要是以飞沫、飞沫核和尘埃为媒介。经飞散于空气中带有病原体的微细泡沫而散播的传染称为飞沫传染。所有呼吸道传染病均可通过飞沫而传播，如犬瘟热等；当飞沫蒸发干燥后，则可变成主要由蛋白质、细菌或病毒组成的飞沫核，核愈大，落地速度愈快，飞沫传染受时间和空间的限制，空间不过几米，时间不过几小时。温暖、干燥、通风良好的环境，飞沫漂浮时间短。对此类媒介物要加强空气消毒，让其早日落到地面。

2. **尘埃传播**　从传染源排出的分泌物、排泄物和处理不当的尸体，以及散布在外界环境的病原附着物，经干燥后，由于空气流动冲击，带有病原体的尘埃在空气中飘扬，被易感动物吸入而感染，称为尘埃传染。尘埃传染的时间和空间范围比飞沫传染大，可以随空气的流动转移到别的地区，但实际上尘埃传染的传播作用比飞沫要小，因为只有少数病原体能耐过这种干燥环境和阳光的暴晒，如结核杆菌、炭疽杆菌等。对此类媒介物要加强通风并带兽消毒。

3. 土壤传播 有些病原微生物随病兽的排泄物、分泌物或尸体一起落入土壤而能在其中生存很久，如炭疽杆菌、破伤风梭菌等。经污染的土壤传播的传染病，其病原体对外界环境的抵抗力较强，能耐受干燥和阳光的暴晒，因此应特别注意病兽排泄物、污染物、尸体的处理，防止病原体落入土壤。

4. 生物媒介物传播 通过蜱、蚊等节肢动物的叮咬散播病原体，亦有少数病原体在感染动物前，需要在一定种类的节肢动物体内进行发育，才能传播，属于生物性传播。因此平时要注意消灭蚊、蝇、蜱、鼠害。

六、避免应激反应

应激反应是一种反应模式，指动物机体受到外界不良因素刺激后，在没有发生特异的病理性损害前所产生的一系列非特异性应答反应。在人工环境下，动物饲养密度过大，生活空间过于狭小，生长环境中人为的管理性干扰，特别是引种、出栏时的抓捕、运输及屠宰前的不适当处理，都会引起毛皮动物发生严重的应激反应。

要做到避免应激反应就要排除应激源。应激源有多种，包括热应激、冷应激、追捕应激、噪声应激、管理应激、环境应激等。在饲养管理过程中要注意这些应激源的排除，使兽群有一个舒适的生存环境。

七、科学免疫

（一）免疫程序制定注意事项

科学的免疫程序能够大大减少传染病的发生和流行。建立合理的免疫保健程序，应着重考虑以下几点：

1. 母源抗体水平 母源抗体水平是确定首免时间的主要依据，了解仔兽的母源抗体的水平、抗体的整齐度和抗体的半衰期及母源抗体对疫苗不同接种途径的干扰，有助于确定首免时间。母源抗体水平的获得可以通过养殖场及实际检测的方式获取。一般来说，每个养殖场养殖的动物都会在断奶后 15 日龄免疫犬瘟热与细小病毒。应采集血样用仪器进行抗体检测，确定免疫日龄。特别是对犬瘟热应该免疫 2 次，事实上，目前，很少有养殖场进行 2 次免疫，仅仅一次是不够的，因此，在临床上犬瘟热经常发生。

2. 该场疾病史及周边疾病流行状况　当地流行的重大疫病应该是免疫的重中之重。

病毒性传染病特别是犬瘟热的流行往往给毛皮动物养殖业造成重创，必须格外重视。如果本场发生过犬瘟热，则病原还会在环境中长期存在，必须进行多次免疫。时时关注养殖场周围疫情变化，随时做出调整。如果附近养殖场有严重的传染病流行，本场应进行紧急免疫或药物预防。

3. 疫苗选择　有的疫病由于存在毒株众多，在制定免疫程序时应根据当地疾病流行情况而选用相对应毒株的疫苗。例如：水貂出血性肺炎的病原绿脓杆菌血清型非常多，不同的毒株之间免疫效果很差，所以，发生出血性肺炎后，最好分离到本场毒株制备自家疫苗，这样会收到事半功倍的效果。

4. 疫苗之间的干扰情况　不同疫苗之间存在着互相干扰现象，由于毛皮兽的疫苗就只有 2～3 种疫苗，其干扰现象较少，但是不同疫苗所产生的抗体也不同，机体识别抗原的能力有限，一次识别多种抗原，能力显得不足，容易导致机体对不同抗原识别混淆，使产生的抗体不够坚强。所以，不同疫苗一般应间隔 5 天以上免疫，减少多种疫苗同时应用，特别是犬瘟热与狐狸脑炎 2 种疫苗的同时使用。

5. 不同接种方法对机体免疫力的影响　不同的免疫方法对提高机体的免疫力有着不同的效果，应根据情况选用适宜免疫方法，例如：犬瘟热疫苗除了肌内注射以外，点眼滴鼻也有很好的免疫效果，适合紧急免疫。

6. 不同形式的抗体在体内的消长规律　疫苗免疫后，机体会在一定的时间内产生相应的抗体，并不断增高，达到高峰后再逐渐下降，到一定时间后降到保护范围以下，这个时候就需要重新进行免疫。所以应根据抗体的消长规律来确定疫苗免疫的间隔时间。一般情况下，首免属于基础免疫，主要刺激机体产生识别和应答的能力，产生的抗体较少，维持时间较短，所以间隔时间也短，二免产生的抗体维持时间逐渐延长，这也是建议养殖场至少免疫 2 次犬瘟热疫苗的原因。

应激状态下，营养不足（寄生虫、微量元素及维生素缺乏状态），亚健康状态，有免疫抑制因素存在时，产生抗体较少，反之较多。

7. 疫苗的免疫机制　机体的免疫作用主要有两种，一种是细胞免疫作用，另一种是体液免疫作用。弱毒苗能够启动细胞免疫作用和体液免疫作用，其免疫作用比较全面，且刺激机体产生抗体所需要的时间较短，能很快产生作用，而且其刺激产生的细胞免疫作用是局部免疫作用的主要力量。灭活疫苗分为含佐剂疫苗和不含佐剂疫苗，即水苗或组织苗，含佐剂疫苗一般是氢氧化铝疫苗。含佐剂疫苗要优于不含佐剂疫苗，它能够刺激机体产生足够的循环抗体，且抗体维持时间较长，可以抵抗病原在全身的扩散和影响。不论哪一种灭活苗，一般产生足够抗体都需要一段时间，所以往往会出现较长的免疫空白期，在免疫空白期内如果有病原的攻击就会出现发病，特别是首免受母源抗体影响时。

（二）免疫监测

监测抗体水平对确定免疫时机具有较强的指导意义。免疫后达到理想的抗体水平才是成功的免疫，免疫失败抗体水平不达标可以根据具体情况采取补免或提前再次免疫。

（三）制定免疫程序的原则

制定免疫程序应该遵守如下原则：①以当地流行的重大疫病如犬瘟热为主线，穿插其他免疫。②必须重视疫苗的剂量选择，一般加强免疫比首免剂量要大一些。③根据不同疫苗的保护时间长短确定间隔时间。④注意疫苗的免疫途径和方法。⑤重视免疫群体的健康状况及应答能力。⑥注意疫苗间的免疫干扰。

一个合理的免疫程序必须是根据不同养殖群、不同地域的不同疫病流行状况、不同饲养方式、不同环境条件、不同的种源来制定，没有一个程序是一成不变、一劳永逸的，需要随时根据具体情况加以调整，才能达到理想的效果。

需要强调的是，无论在任何时间、何种情况都不能够忽略犬瘟热的免疫，即使兽群健康状况不好也要按时注射疫苗，以免暴发犬瘟热，令养殖场遭受毁灭性的打击。

在兽群有应激反应时，应加入维生素、矿物质及微生态制剂或酶制剂，增强机体的抵抗力。

八、疫情处理

实际生产中，无论养殖场如何小心谨慎，发生疫病的概率也不会出现为"零"的情况，也就是说，发病是在所难免的，因此发病后的处理是否得当，是直接影响养殖是否成功的关键因素。发生传染病时，依据流行过程的三个环节，按照"早、快、严、小"的原则，迅速打断三个环节的联系。可采取以下措施：

（一）正确诊断和报告疫情

及时正确的防治来源于准确的诊断。及时准确诊断传染病，确定传染源，尽可能小地划定传染源疫点，淘汰或无害化处理发病兽。确定为烈性传染病时，如犬瘟热，要及时报告上级主管部门，并对邻近场发出预警。

（二）切断传播途径

主要是隔离和封锁。淘汰发病养殖舍，隔离疫点内所有毛皮兽，应用消毒药对舍内进行彻底消毒，封锁该舍人员进出，对舍外周围消毒，避免疫情扩散到其他舍内，对整个场区也采取封锁措施，防止疫情传播给其他场。待疫情稳定后解除警报。

（三）紧急免疫和治疗

1. 紧急免疫　有疫苗可供使用的疫病应抓紧全群加大剂量注射

疫苗，并要做到一兽一针。

2. 治疗 要掌握全群治疗原则，病兽单独治疗，全群用药，对于发病死亡较急、传播速度较快的细菌性疾病，如巴氏杆菌病、水貂出血性肺炎等要尽快肌内注射大剂量抗菌药物，防止大批死亡。

发生犬瘟热后，目前没有确实有效的治疗措施，尽快注射、点眼滴鼻犬瘟热疫苗，并要投喂抗菌药物，防止继发感染，并尽量减少应激反应，增加机体抵抗力，使其尽快产生抗体。在发病后一定加强场内舍内的消毒，禁止外来人员、车辆出入，对病死动物要及时做深埋或焚烧处理，以免疫情扩散。

由于生物安全是一个系统工程，综合了兽医微生物学、环境学、建筑学、设备工艺学、生态和微生态学、营养学等多门学科和系统工程，涉及整个生产过程的每一个环节，忽视任何一个环节都可能造成整个系统的失败。因此，在实际操作过程中，管理者应充分分析现有生产条件，根据本场的实际建立一个可行的生物安全计划，并且在运行过程中严格要求，从管理者开始，保证每个人都严格遵守。

第五章
毛皮动物常见病诊断与防治

近年来，毛皮动物疾病呈现出日趋严重的趋势。特别是随着养殖规模化程度的不断提高，传染病发病急、发病率高、死亡率高的特点愈发明显，如水貂出血性肺炎等急性病例，往往未表现明显临床症状即急性死亡。犬瘟热、细小病毒病、链球菌病等在一些地区兽场呈现群发性特征，发病率较高。由于饲料不新鲜引起的毛皮动物发病死亡也屡见不鲜，流产、死胎及不发情等问题也困扰着养殖场。疾病已成为影响毛皮动物产业健康发展和经济效益的重要因素。

第一节 病毒性疾病

一、犬 瘟 热

犬瘟热是由犬瘟热病毒引起的犬科（犬、狐、貉）、鼬鼠科（水貂、雪貂、黄鼬等）及部分浣熊科动物的一种急性、高度接触性传染病，早期呈双相体温热型，随后以支气管炎、卡他性肺炎、胃肠炎为特征。病后期可见有神经症状出现如痉挛、抽搐，部分病例可出现鼻部和脚垫高度角化、龟裂。是当前对毛皮动物养殖业危害最大的疫病之一。

【病　原】 犬瘟热病毒属于副黏病毒科、麻疹病属。该病毒对环境的抵抗力较弱，易被光和热灭活。室温（20℃）下，在组织或分泌物中病毒至少可存活 3 小时。但是气温越低存活的时间越长，在 –70℃ 或冻干条件下可长期存活。最适 pH 值为 7.0。对乙醚、三氯甲烷、甲醛、苯酚、季铵盐消毒剂、氢氧化钠和紫外线敏感，可以用于消毒。

【流行病学】

1. 流行特点 犬瘟热病毒的宿主广泛，犬科（犬、狐狸、豺、狼等）、鼬科（貂、雪貂、黄鼬、白鼬、貉等）和浣熊科（海豹、熊猫、浣熊、白鼻熊等）、猫科（虎、豹、狮）动物均易感，并且幼小动物比成年动物更易感。幼兽在断奶后 15 天以后容易发生，并引起大规模传播。

2. 传染源及传播途径 传染源主要是患病动物及健康带毒动物，病毒存在于患病动物和带毒动物的鼻液、泪液、血液、脑脊髓液、淋巴结、肝、脾、脊髓、心包液、胸水和腹水中，通过眼鼻分泌物、唾液、尿液和粪便向外排毒。我国发生犬瘟热的经济动物饲养场，多数是由病犬窜入或被病犬污染的工具和垫草以及其他物品引起，个别的因带毒的黄鼠狼等野生动物窜入而暴发本病，带毒动物带毒期不少于 5～6 个月。也可通过飞沫、空气经呼吸道传染，还可以通过黏膜、阴道分泌物传染。有些患病动物愈后可长时间向外界排毒。

3. 发病年龄 不免疫的种兽所生仔兽断奶前发病率较高。免疫种兽所生的仔兽在哺乳期和断奶后 15 天前很少感染犬瘟热，但由于断奶后母源抗体消失，使仔兽在断奶 15～20 天以后成为极易感动物，此时发病率最高，死亡率高达 80%～90%。

4. 高发季节 本病没有明显的季节性，一年四季均可发生。当一个大型养殖场同时饲养多种毛皮动物时，一般都是先从最易感的动物开始流行，经过一段时间，再传播到另一种动物。貉易感性较高，一般先发病，然后是狐和水貂，其中北极狐比银黑狐和彩狐易感。流行主要在 8～11 月份，呈散发、地方流行或暴发。

5. **发病因素**　在犬瘟热流行过程中，成年兽有一定抵抗力，一般非配种期病势进展较缓慢，而春季配种期，由于种兽出入，增加了传染的概率，促进本病发生。老年兽很少发病，一般于流行的中后期出现2%～5%发病。目前，犬瘟热的流行约70%属典型经过，30%为非典型经过，神经型犬瘟热狐、貉、水貂均较少见。在引种、串种和倒种过程中常发生犬瘟热的流行，高峰期发病率可达70%以上。如果不迅速采取有效措施，疫情会很快演变为地方性流行。本病可以造成母兽流产、死胎及大批空怀。

【临床症状】　犬瘟热在易感动物的潜伏期一般是3～5天，但若毒株来源于异种动物，由于需要一段适应时间，潜伏期可长达30～90天。患病动物病初精神委顿，食欲不振或缺乏，眼、鼻流出浆液性或脓性分泌物，有时混有血丝，发臭。体温升高，39.5～41℃，持续1～2天后下降到常温，此时患病动物精神与食欲好转，但2～3天后再次发热，持续数周之久，即所谓的双相型发热，病情恶化。鼻镜、眼睑干燥甚至龟裂；厌食，常有呕吐和肺炎。有的病例发生腹泻，粪呈水样，或带血，恶臭，患病动物消瘦，脱水。脚垫和鼻过度角质化。

发热初期，少数幼兽下腹部、大腿内侧和外耳道发生水疱性脓疱性皮疹，康复时干枯消失。

这可能是继发性细菌引起的。有的病例会出现神经症状，犬瘟热的神经症状视病毒侵害中枢神经系统的部位不同而有差异：或呈现癫痫、转圈，或共济失调、反射异常，或颈部强直、肌肉痉挛，但咬肌群反复节律性的颤动是本病常见的神经症状。病兽出现惊厥症状后，一般多取死亡转归。妊娠母兽感染本病可发生流产、死胎和仔兽成活率下降等症状。在发热的早期白细胞减少，但后期如细菌性继发感染未被控制，则出现明显的白细胞增多。犬瘟热的症状多种多样，主要表现为以下几种：

1. **急性型**　即脑炎型。常发生于流行初期或后期。感染脑炎型犬瘟热时，病狐出现咀嚼痉挛、头肌和四肢肌肉痉挛性收缩、麻痹或不全麻痹。某肌群不自主地有节律颤动，一般为进行性的，起初是后肢，之后完全麻痹。银黑狐常突然出现视觉消失，瞳孔散大，虹膜呈绿色。急性型的病程2～3天死亡。病貂往往看不到特征性的表现，会突然发病前冲、滚转、四肢抽搐，头颈后仰或咬住笼网，吱吱尖叫，口吐白沫，癫痫性发作间隙如健康状态，经多次发作后全身处于无力状态，不能起立，体躯瘫软任人摆动，病程仅1～3天，转归死亡；有时只看到1～2次抽搐、尖叫、吐沫，仅几分钟便以死亡告终，发病后体温均在42℃以上。

2. **亚急性型**　即混合型。病兽病初似感冒样，眼圈湿润、流泪、鼻孔湿润、流涕，体温升温，出现"双峰热"，即在感染后2～5天出现第一次高热，体温多为40～41℃，持续2～3天，而后体温下降至常温，经5～7天又出现第二次高温，可达41.5℃，再经3～5天病兽死亡。"双峰热"是犬瘟热重要的临床特征之一。除体温变化之外，病兽的消化道和呼吸器官也常表现特征性变化。肛门黏膜或外生殖器发生微肿。食欲减退或拒食，鼻镜干燥。随着病程的进展，眼部出现浆液性、黏液性乃至化脓性眼眵，黏着在内眼角或整个眼睑周围，严重者将整个眼睛糊死。鼻端亦有少量分泌物固着，重者将整个鼻孔堵住。口裂和鼻部皮肤增厚，黏着糠麸或豆腐渣样的干燥物。病兽被毛蓬乱、无光泽，毛丛中有谷糠样的皮屑。颈部或股内侧皮肤有黄褐色分泌物的皮疹，病兽散发出一种特殊的腥臭味。病兽消化紊乱、下痢，病初排黏液性蛋清样稀便，后期粪便呈黄褐色或煤焦油样。肛门红肿外翻，呼吸促迫，尿流不止。公兽腹下被毛浸湿，极似尿湿症。少数病例同时表现脚掌红肿、趾间溃烂。有时病症稍缓解，但很快又恶化。病程后期，部分病兽出现后躯麻痹、共济失调，或拖拽前进，或某部肢体呈现不随意运动，如仰头歪颈、肌群震颤，神经症状间歇发作，一次比一次严重。病程平均3～10天，多数转归死亡。

3. **慢性型**　即皮肤黏膜型。一般病程在20天以上，病兽以双眼、耳、口、鼻、脚爪和颈部皮肤病变为主。病兽食欲减退，时好时坏（吃跳食）。不活动，多卧于小室内。眼睑边缘皮肤发炎、脱毛、变厚、结痂，形成眼圈，或上下眼睑被黏液脓性眼眵黏着在一起，看不到眼球，时而睁开，时而又黏着在一起，反复交替多次。鼻面部肿胀，鼻镜和上下唇、口角边缘皮肤有干痂物附着；有的耳边皮肤干燥无毛。四肢趾（指）掌肉垫增厚，为正常时的几倍，病初爪趾（指）间皮肤潮红，之后出现微小的湿疹，皮肤增厚肿胀变硬，俗称"硬足掌症"。皮肤弹力减弱，出现皱褶，尤以颈、背部为重，被毛内有大量麸皮样湿润污秽的脱屑，发出难闻的腥臭味。有的病兽外阴肿胀、肛门外翻。此类型病兽虽然多呈良性经过，但发育落后，皮张质量降低，一部分病兽出现并发症后，还是以死亡转归。

4. 隐性感染型　即非典型经过，多见于流行后期，病兽仅有轻微的一过性反应，类似感冒，或仅有轻度皮炎及一些极轻的卡他性症状，看不到明显的异常表现，多耐过自愈，并获得较强的终身免疫力，但也成为隐形带毒者。部分病兽出现细菌继发感染并发症，终以死亡转归。

5. 狐、貉、貂的临床表现特点　不同毛皮动物感染犬瘟热后的临床症状不尽相同。现将狐、貉、水貂的症状分述如下。

（1）狐　自然感染时，银黑狐、北极狐（蓝狐）的潜伏期为9～30天，有时长达3个月。此后，在一些病例中，出现本病特征性临床症状，也有些病例症状不明显。

流行初期看不到特征性表现，病狐食欲减退，似感冒状，体温升高（40～41℃），持续2～3天。鼻镜干燥，有的出现呕吐和轻微的肠卡他症状，排出蛋清样的稀便。随着病程的进展，症状逐渐明显化，开始出现浆液性、黏液性或化脓性结膜炎。在两内眼角有多量眼眵，或将两眼裂粘连或堆积在眼的周围呈眼镜样；出现浆液性、黏液性或化脓性鼻炎，有时分泌物干涸，将鼻孔堵塞。病狐表现不安，不时用前爪搔扒。嘴巴变粗，嘴角周边的被毛沾有不洁的分泌物和饲料。下痢，肛门黏膜肿胀、哆开。病狐很少出现皮肤病变，有时在后脚掌和尾尖的皮肤能看到病变。

当肺出现继发感染时，咳嗽，开始为干咳，而后变为湿咳，特别是春秋季节发病，常侵害呼吸器官。消化器官发生卡他性炎症，腹泻，粪便有时混有血液。北极狐由于下痢严重，常常发生脱肛，而银黑狐此种现象少见。

当神经系统，特别是脑受侵害时，主要表现在病的初期或末期，病狐出现咀嚼肌、头肌和四肢肌肉痉挛性收缩，麻痹或不全麻痹。某些肌群不自主地有节律地抽动，一般为进行性的，起初后肢，而后导致完全麻痹。银黑狐常突然出现视觉消失、瞳孔高度散大、虹膜呈绿色。

病程：急性经过的，2～3天死亡；慢性经过的，长达20～30天，一般转归死亡。

（2）水貂　水貂犬瘟热病如果传染动物种属不同，其传染速度亦不同。如果是貂源性的传染源，经3～4周即可引起广泛传播，症状典型，死亡率高；如果是狐源性的传染，则需经2～4个月隐性经过，待毒力逐渐增强后才能造成广泛传播。初期症状不典型。根据临床表现和经过，大致可分为4型。

①超急性型　常发生于病的初期或后期，突然发病，看不到前驱症状。病貂表现癫痫性发作，口咬笼网发出刺耳的"吱吱"叫声，抽搐、口吐白沫，反复发作几次而死。这种病貂多已侵害神经系统，主要是脑部病变不可逆转，最终导致死亡。凡是有神经症状的病貂，很少幸免，一般以死亡而告终。

②急性型　病初似感冒样，眼流泪、鼻流液，体温高达40～41℃，肛门黏膜或外生殖器发生微肿。食欲减退或拒食，鼻镜干燥。随着病程的进展，眼部出现浆液性、黏液性乃至化脓性眼眵，附着在内眼角或整个眼裂周围，重者将眼睛糊死。鼻端也有少量上述分泌物附着，口裂和鼻部皮肤增厚，黏着糠麸或豆腐渣样的干燥物。被毛蓬乱、无光泽，毛丛中有谷糠样的皮屑，皮肤增厚、溃疡；颈部或股内侧鼠蹊部皮肤有黄褐色分泌物的皮疹。病貂散

发出一种特殊的腥臭味。消化紊乱，下痢。病初排出黏液性蛋清样稀便，后期粪便呈黄褐色或煤焦油样。病貂不愿活动，嗜卧于小产箱内。

病程平均3～10天或更多一点，多数转归死亡，很少幸免。

③慢性型　一般病程为2～4周。病貂虽有急性期，中后期好转，但眼、耳、口、鼻、脚爪及颈部皮肤病变比较明显。病貂食欲减退，时好时坏，吃跳食，不活动，多卧于小室内。眼边干燥，似戴眼镜样，或上眼睑被黏液脓性眼眵黏着在一起，看不到眼球，时而睁开，时而又粘在一起，这样反复交替出现，有的病貂反复1～2次死亡。有的患貂耳边皮肤干燥无毛，鼻镜和上下唇、口角边缘皮肤有干痂。病貂病初爪趾（指）间皮肤潮红，而后出现微小的湿疹，皮肤增厚肿胀、变硬，所以有"硬足掌症"之称。有的病貂肛门或外阴肿胀。

④隐性型　即非典型性。病貂仅有轻微一过性的反应，类似感冒，多看不到明显的异常表现，就耐过自愈，并获得较强的免疫力。

（3）貉　自然感染时一般症状不典型，几乎看不到明显的犬瘟热症状，貉对犬瘟热的敏感性要大于水貂、狐狸。病的初期一般不能引起饲养管理人员的注意，往往被误认为普通的胃肠炎，仅表现下痢。病貉不愿活动，多隐卧于产箱内或笼内一角。被毛蓬乱，无光泽。眼球塌陷，睁得不圆、凝视，眼内角有微量灰白色黏液样眼眵，鼻镜干燥。仔细检查被毛丛中颈部皮肤，有不太明显的小米粒大的皮疹。仅少数病例出现脓性眼眵和掌部肿大的现象。因此貉群出现大批腹泻时要给予足够的重视，应检查病死貉膀胱黏膜细胞的包涵体和进行血清学试验。

需要指出的是，犬瘟热的临床症状较为复杂，表现不一，这给其诊断带来困难，尤其是狐狸、水貂、貉等毛皮动物。因为毛皮动物对外界环境比较敏感，所以在患病初期较难发现。在临床实践中，多观察一段时间，动物安静后就会出现一些临床症状。

【病理变化】　本病是一种泛嗜性感染，病变分布广泛。但主要病理变化是上呼吸道、眼结膜呈卡他性或化脓性炎，肺呈现卡他性、化脓性支气管肺炎、出血，支气管或肺泡中充满渗出液，胃黏膜潮红，小肠有卡他性炎症或出血性肠炎，大肠常有许多黏液，直肠黏膜皱襞出血。脾脏肿大，肾脏上腺皮质变性，轻度间质性附睾炎和睾丸炎。中枢和外周神经很少有肉眼可见变化。

【诊　断】

（1）脚掌软垫部肿胀，口、唇、鼻端脱毛肿胀，眼周围皮肤脱毛肿胀。一般病程在2～4周，脚掌部出现广泛肿胀，是正常的3～4倍。

（2）生殖器和肛门肿胀、外翻。水貂肛门和外生殖器表现强烈肿大。

（3）临床上呈现"双峰热"。一般在感染后2～5天出现第一次高热，持续1～3天后，体温下降至常温，经5～7天又出现第二次高热。

（4）胶体金试纸条检查方便，可作为参考依据。具体操作方法如下：用棉签取病兽眼胶、鼻液、唾液等分泌物样品，将棉签放入装有稀释液的试管中充分搅拌混合，用吸管抽取上清液，在测试条样品孔中滴加4滴上清液，5～10分钟后观察结果。判定标准：呈现1条红线为阴性，2条红线为阳性。由于胶体金试纸条在检测的灵敏度和特异性方面有待进一步提高，因而在临床诊断时，对于一些与犬瘟热相似的疾病还需要结合其他方法加以排除和确诊。

【鉴别诊断】

1. **狂犬病**　有神经症状，攻击人畜。但没有犬瘟热的皮疹和结膜炎及下痢症状。

2. **狐狸脑炎**　具备神经症状，但犬瘟热有皮疹和特殊的腥臭味，以及卡他性鼻炎。剖检可见肝脏肿大、胆囊壁增厚、浆膜下有出血点、腹腔内有大量黄色或微红色浆液。

3. **细小病毒性肠炎**　临床表现有两个型，即肠炎型和心肌型，而犬瘟热不具备这两个型。犬瘟热没有特征性的病理变化。而细小病毒性肠炎型除黏膜表现出血外，浆膜下也有出血和充血，呈暗红色；心肌型的主要变化为肺水肿，左心室心肌有明显变化，心肌纤维出现单核细胞浸润和间质纤维化。

4. **脑脊髓炎**　具备犬瘟热类似的神经症状，都有癫痫性发作。不同之处在于仅在幼兽中散发，同窝仔兽可能只有个别发生，且见不到化脓性眼炎和鼻炎症状。尸检器官组织广泛性的出血（浆黏膜、横膈膜、心脏和脑实质）。

5. **巴氏杆菌病**　一般是突然发生，很快发生大批死亡，取肝脏、肺脏组织，涂片、镜检可见巴氏杆菌。

6. **副伤寒**　发病具有明显的季节性（6～8月份），而犬瘟热一年四季均可发生，副伤寒病死貂脾脏肿大5～10倍，而犬瘟热脾脏不肿或微肿。

7. **B族维生素缺乏**　特征是从幼兽开始出现食欲不好，很快出现大群不吃食，病貂不活动，卧于小室内昏睡，肌肉不自主地痉挛性收缩。用B族维生素药物治疗，食欲很快好转。

【防控措施】　本病一旦发生神经症状，病死率可达90%以上，治疗意义不大。所以本病重在预防。

1. **治疗**　对于患病动物应进行隔离治疗，该病没有特效的治疗方法，即使在感染初期应用犬瘟热高免血清，疗效也一般，多数病例预后不良。治疗原则为中和机体内的病毒，清热解毒，控制并发症和继发感染，加强护理，提高机体抵抗力。可采取中西医结合治疗，口服中药等。对症治疗，使病兽充分休息，对于病情较重或有脱水的应适当补液，对于高热的可以注射稍凉的葡萄糖生理盐水。防止继发感染可选用抗菌药，如林可霉素、阿米卡星、恩诺沙星等。尽量避免使用地塞米松，因其具有免疫抑制的作用。

（1）病兽个体治疗

①水貂　以下A、B方案任选其一。

A. 肌内注射500羽份鸡新城疫Ⅰ系疫苗1次即可，另加青霉素

40万单位＋磺胺间甲氧嘧啶100毫克/只＋利巴韦林50毫克，或用氟苯尼考20毫克/千克体重，肌内注射，1次/天，连用至好转。

B.肌内注射犬瘟热二联或多联高免血清，2毫升/只，隔日1次，共用2次，另加青霉素40万单位＋磺胺间甲氧嘧啶100毫克/只＋利巴韦林50毫克，肌内注射，1次/天，连用至好转。

②狐狸、貉　以下A、B方案任选其一。

A.肌内注射500羽份鸡新城疫Ⅰ系疫苗1次即可，另加青霉素40万单位/千克体重＋磺胺间甲氧嘧啶50毫克/千克体重＋利巴韦林50毫克/千克体重，或用氟苯尼考20毫克/千克体重，肌内注射，1次/天，连用至好转。

B.肌内注射犬瘟热二联或多联高免血清，2毫升/千克体重，隔日1次，共用2次，另加青霉素40万单位/千克体重＋磺胺间甲氧嘧啶50毫克/千克体重＋利巴韦林50毫克/千克体重，或用氟苯尼考20毫克/千克体重，肌内注射，1次/天，连用至好转。

上述抗犬瘟热血清和鸡新城疫Ⅰ系疫苗同时使用，病兽前期可治疗，中后期效果不佳。

（2）兽群治疗　主要采取紧急免疫措施。

①肌内注射犬瘟热疫苗1个常规剂量，同时以适当剂量予以点眼滴鼻，并饲喂阿莫西林或环丙沙星及免疫增强剂，控制继发感染及增强免疫效果。笔者在临床实践中，发现该方法效果明显，能够快速控制疫情。

②肌内注射犬瘟热疫苗1.5个常规剂量，同时饲喂阿莫西林或环丙沙星（狐、貉不喜吃）及免疫增强剂，控制继发感染及增强免疫效果。发现新增病例，按照病兽处理。

③肌内注射犬瘟热组织灭活疫苗，同时饲喂阿莫西林或环丙沙星（狐、貉不喜吃）及免疫增强剂，控制继发感染及增强免疫效果。发现新增病例，按照病兽处理。该方法效果有时很好，但不可靠，可与方法1同时使用。

2. **预防**　除了严格执行平时的防疫措施外，主要依靠疫苗免疫。国内常用的弱毒苗有犬瘟热病毒、细小病毒、腺病毒三联弱毒疫苗，犬瘟热病毒弱毒疫苗、细小病毒肠炎弱毒疫苗、犬传染性肝炎活疫苗、狂犬病活疫苗四联弱毒疫苗，预防狂犬病、犬瘟热、犬副流感、犬细小病毒病和犬传染性肝炎的五联弱毒冻干疫苗等。

当前在实际生产中，主要以犬瘟热单苗为主（包括冻结苗和冻干苗），免疫程序为：母兽 2 次 / 年，仔兽于 45 日龄左右免疫 1 次，至取皮。目前养殖场广泛采用的免疫接种程序（基础免疫仅接种 1 次犬瘟热疫苗）已经不能很好地控制本病，免疫失败的现象时有发生，造成了很大的经济损失，所以不同地区应该根据各自地区犬瘟热的流行情况，实时调整免疫程序，适当增加基础免疫的接种次数，同时根据母源抗体的消长规律，适当提前初次免疫接种的时间，建议于初免后 2 周后加强免疫。

二、细小病毒性肠炎

细小病毒性肠炎是由肠炎细小病毒引起的一种急性、烈性、高致病性、高度接触性传染病。本病以胃肠黏膜炎症、坏死和白细胞高度减少为主要特征。表现为急性肠炎，剧烈腹泻，粪便呈多种颜色，其中混有大量脱落的肠黏膜、纤维蛋白和肠黏液的管状物。本病又称传染性肠炎或泛白细胞减少症。

最早报道的水貂细小病毒性肠炎于 1947 年在加拿大安大略省威廉堡地区发生。1952 年 Wills 证实其病原为水貂细小病毒。此后本病在美国、丹麦、芬兰、挪威、瑞典、俄罗斯、英国和日本等国相继发生和流行。1985 年 P.Veijalainen 报道了蓝狐细小病毒性肠炎。1974 年我国首次报道水貂细小病毒性肠炎，随后本病逐渐蔓延全国。在黑龙江、吉林、辽宁、山东和江苏等地区已有多种毛皮动物发生过细小病毒性肠炎。水貂、狐狸和貉等多种毛皮动物均感染本病，水貂易感性最高，狐和貉发病率相对较低。目前，细小病毒性肠炎在我国流行广泛，发病率和死亡率居高不下，给毛皮动物养殖业造成了较大的经济损失。特别是幼貂发病率和死亡率较高，是世界公认的水貂养殖业危害最大的三大疫病之一。

【病　原】　肠炎细小病毒为细小病毒科、细小病毒属成员。该病毒对外界环境和各种理化因素有较强的抵抗力。在自然条件下，病毒在被污染的笼舍和器具上能保存毒力长达 1 年。在 pH 值 3～9 和 56℃的条件下，病毒能稳定 1 小时。病毒对甲醛、漂白粉、紫外线等较为敏感。4% 氢氧化钠、0.2% 过氧乙酸和煮沸均可将病毒杀死。

【流行病学】

1. **流行特点**　本病常呈地方性和周期性流行，传播迅速，全年均可发生。主要发生于 5～10 月份，具有明显的季节性，其中南方 5～7 月份多发，北方 8～10 月份多发。初春刚流行时，临床症状不典型，死亡较少，传播比较缓慢，呈地方流行性。发生一段时间后，病毒毒力增强转为急性感染，一般初夏感染率和病死率最高。目前，在一些养殖场普遍存在该病，其临床症状表现温和，但如果措施采取不当，该病会一直存在该场，难以清除，反复发病。由于本病毒抵抗力强以及带毒动物排毒时间长，一旦发生，很难彻底根除。

2. **传染源及传播途径**　本病的主要传染源是病貂（狐、貉）、带毒貂（狐、貉）及感染泛白细胞症的猫。耐过动物可获得较长时间的免疫力，而且会带毒、排毒至少 1 年以上。病毒大量存在于患病动物的肺、肝、脾及肠道里，并从各种分泌物、粪便和尿液中排出，污染饲料、饮水、器具、环境及人，通过直接和间接接触，经消化道和呼吸道，使易感动物感染。混用器具、交换笼舍、交配、人员往来等均可造成本病的传播。鸟类、鼠类和昆虫也是本病的传播媒介。

3. **发病年龄**　50～60 日龄的水貂最为易感，发病率为 70% 以上，病死率高达 90%；成年貂发病率为 10%～30%，病死率25%～30%。免疫疫苗后，有明显的效果。

4. **高发季节**　本病常呈地方性和周期性流行，传播迅速，全年均可发生。主要发生于5～10月份，具有明显的季节性，其中南方5～7月份多发，北方8～10月份多发。

5. 易感动物　在自然条件下，猫科（猫、虎等）、犬科（犬、狐、貉等）以及鼬科（貂、鼬、狸等）动物均易感细小病毒性肠炎。其中水貂不论品种、品系、年龄均易感，尤其幼龄水貂易感性最高。

【临床症状】　水貂、狐狸、貉的临床症状相似，其中水貂最为严重。

1. 水貂　潜伏期4～9天，一般为5天，11天以上者少有。临床上根据病程的长短分为最急性型、急性型和慢性型。多为当年幼貂发病并表现明显症状。

（1）最急性型　感染貂突然发病，精神不振，呼吸困难，不出现肠炎症状，可见黏膜苍白，一般拒食后12～24小时死亡。

（2）急性型　病貂最先表现为精神不振沉郁，不爱活动，食欲减退或废绝，饮欲明显增加，有时出现呕吐，体温升高至40.5℃以上。病貂消瘦，被毛蓬乱无光泽，鼻镜干燥有裂纹，多呈腹式呼吸。一般先呕吐后腹泻，粪便先软后稀，早期呈黄色或灰黄色，内混有大量黏液和伪膜；之后排出混有血液及黏液或脱落肠黏膜的黏稠稀便，多呈奶酪色、粉红色、黄绿色、红褐色等；中后期腹泻严重，常排出红黄色、黄白色、灰褐色等多种颜色的圆筒状管套样粪便（俗称"花花粪"或"黏液管套便"）。血液检查时，白细胞总数明显减少，中性粒细胞相对增加，淋巴细胞相对减少。病貂极度消瘦虚弱，高度脱水，经1周左右，终因衰竭而死亡。

（3）慢性型　病貂耸肩弓背，被毛蓬乱，眼睛充血、眼角有脓性分泌物，喜卧，活动减少，反应迟钝，呕吐，排便频繁，里急后重。粪便内常混有血液，呈灰白色、红褐色、粉红色、灰黄色的"管套便"。血液检查时，白细胞总数明显减少，中性粒细胞相对增加，淋巴细胞相对减少。病貂食欲不振，下痢脱水，1～2周后虚弱消瘦死亡。个别病貂可逐渐恢复耐过，但生长发育迟缓，长期带毒排毒。若病愈貂再次发病，多数预后不良。

2. 狐狸　病狐的主要症状是呕吐、腹泻和血便。一般幼狐先发病，1周内，育成狐、成年狐和种狐陆续出现相同症状。早期病狐被毛粗糙凌乱，精神沉郁，体温升高到40℃以上，饮水剧增。随后出现剧烈呕吐，腹泻，先排出腥臭的内混有黏液灰白色或土黄色软便，再为咖啡色或暗红色稀便，最后为番茄汁样的水样血便、恶臭难闻。后期病狐严重腹泻、虚弱消瘦、脱水，多因衰竭而死亡。

3. 貉　临床主要症状是呕吐、排咖啡色或鲜红色血便。病貉精神不振，食欲废绝，体温升高至40.5℃以上，饮欲增加，先呕吐后腹泻，迅速消瘦，可视黏膜苍白，眼角有脓性分泌物，眼窝深陷，鼻端干燥。初期粪便多为黄色或灰色，内夹杂大量黏液；继而粪便逐渐变稀，为红褐色、黄绿色水样，后出现血便。最后病貉脱水，极度消瘦虚弱，衰竭死亡。

【病理变化】

1. 水貂　最急性型和急性型死亡的病貂营养状况良好，慢性型死貂多消瘦。幼貂多有心肌炎，剖解可见气管出血，肺脏充血，心内膜有出血点，胃肠内空虚，不见肠炎症状。育成貂和成年貂病变主要表现为消化道的广泛性出血。胃内空虚，含有少量的出血性黏液和黑褐色胆汁，个别有凝固的血块，胃黏膜有大小不等的出血点，幽门部充血、出血，有的还出现溃疡。十二指肠、回肠、结肠以及膀胱黏膜有不同程度的出血点。以肠道病变最为显著，有的肠道出血严重，肠管呈鲜红色，肠壁增厚，整个肠管似血肠样，呈急性卡他性出血性肠炎变化；有的肠管由于肠黏膜脱落，而使肠壁菲薄，内容物多为黏液，呈黄色、绿色或暗红色；肠系膜淋巴结水肿、充血出血。胆囊充盈。肝脏质脆、轻度肿大。脾脏肿大，边缘有梗死灶。肾脏肿大、淤血。

2. 狐　主要特征是出血性肠炎和非化脓性心肌炎。病死狐消瘦，皮肤无弹性，可视黏膜苍白。肠道内有水样并混有血液的内容物，肠黏膜充血、出血甚至脱落坏死，肠系膜淋巴结肿大、充血。腹腔内有淡黄色积液。心肌松弛，呈水煮样。肝脏肿大质脆，胆囊充盈。

3. **貉** 病死貉贫血、脱水、消瘦。胃内空虚，胃底部黏膜有出血点，有的胃黏膜脱落。肠内容物呈水样并混有血液，肠黏膜坏死脱落，肠壁变薄，严重出血呈暗红色。肠系膜淋巴结肿大、充血、出血。肝脏肿大易碎，呈土黄色。脾脏肿大，边缘钝圆。

【诊 断】 根据流行病学特征、临床症状和病理变化，特别是在粪便内发现有柱状、灰白色、红黄色、黄白色、灰褐色、乳白色等各种颜色的黏液管套，可作出初步诊断。确诊需送实验室诊断。可应用细小病毒快速检测试纸条检测（胶体金技术），操作方法如下：

采集疑似感染貂新鲜粪便用试纸条检测，当 C 位置和 T 位置同时显示红色线条时，判为阳性；当 C 位置显示红色线条，而 T 位置不显色时，判为阴性；当 C 位置不显示红色线条时，T 位置无论是否显示红色线条，都判为无效，要重新做。

【鉴别诊断】 细小病毒性肠炎病和普通性胃肠炎、细菌性肠炎和水貂流行性腹泻等消化道疾病都有胃肠道炎症、消化不良、腹泻等症状，应注意鉴别。

1. **普通性胃肠炎** 多因饲喂不当或劣质饲料引起，一般更换饲料或饲喂方式，就可逐渐康复。

2. **细菌性肠炎** 多因采食腐败饲料引起。因大肠杆菌、沙门氏菌、链球菌或魏氏梭菌等细菌引起的胃肠炎。一般腹泻的粪便有恶臭味，抗生素治疗见效。

3. **水貂流行性腹泻** 水貂出现不明原因引起的大面积腹泻，剖解病变主要为肠道出血。该病发病初期排粉红色或白色肉样稀便，而后排绿色或黄绿色水样稀便，食欲减退，逐渐消瘦。如果发病后1周病貂食欲恢复，即可慢慢自愈，自愈后可获得免疫力。如发病初期接种同源组织灭活苗，能明显降低该病的发病率和死亡率。

【防控措施】 目前，国内外无特效药物治疗本病。对于发病水貂（狐狸、貉），除采取对症治疗外，没有有效的治疗措施。因此本病应以预防为主，加强平时饲养管理、严格实施兽医卫生综合措施以及定期进行免疫接种。

1. 疫情处理 未免疫养殖场发病快、病程短、发病率和致死率高、恶化迅速，但目前一般养殖场都会进行免疫，大多呈现温和型流行，死亡率低，难以治疗。发病时采取有效的综合防治措施，可快速控制病情的发展，减少死亡。

（1）环境消毒 隔离病貂，加强场内消毒工作，消毒笼舍用2%福尔马林；地面消毒用5%氢氧化钠或20%漂白粉；用戊二醛或聚维酮碘进行喷雾消毒，每天1次。粪便集中用2%～3%氢氧化钠消毒后，进行生物热发酵。可用火焰喷灯对被污染的笼舍和器具进行彻底消毒。对病死貂及其残留物焚烧或深埋，进行无害化处理。对假定健康貂加强饲养管理，加强营养，改善环境卫生，保持笼舍的清洁干燥。

（2）病兽治疗 水貂（狐狸、貉子）发生细小病毒性肠炎后，可紧急免疫疫苗或大剂量注射高免血清，如刚刚发病建议淘汰病兽。治疗总原则是抑制中和病毒，控制心肌炎，止吐止血，补液补糖，防止细菌性继发感染。常用的治疗方法是在发病早期大剂量注射高免血清；止吐可用溴米那普鲁卡因、阿托品、胃复安等；止血可用止血敏（酚磺乙酰）、安络血、维生素K等；治疗腹泻和防止继发感染用喹诺酮类药物。因带毒动物排毒时间长达1年以上，所以治愈或耐过的水貂（狐狸、貉）不能留种用，应尽快淘汰，继续饲养必须严格隔离。

（3）假定健康兽控制措施
①温和型细小病毒性肠炎 应用细小病毒灭活苗进行紧急预防接种，剂量加倍，同时投喂抗菌药物和干扰素。也可以用病死兽或发病兽胃肠道组织捣碎后加甲醛灭活，制备组织灭活疫苗，经试用合格后，给兽群全部注射，一般经5天后病情明显减轻。同时饲料中加入抗菌药物，如硫酸新霉素、庆大霉素、环丙沙星等，以控制细菌继发感染。

②急性细小病毒性肠炎 病情较重、死亡较多的发病场采用大剂量注射高免血清（犬用）的方法，可暂时控制疫情的发展，赢得治疗时机。目前市场上有犬六联、七联、五联及二联高免血清，可根据要求选用含有细小病毒抗体的产品，一般如果血清质量较高，可很快控制疫情。水貂2毫升/千克体重，狐、貉1毫升/千克体重，如效果不好，2天后再加强1次。同时，投喂抗病毒中药或干扰素加抗菌药物。大群转好后，再加强1次疫苗免疫。

2. 预防措施

（1）检疫 定期检疫全场貂群，淘汰阳性貂和可疑病貂。

（2）预防接种 定期接种疫菌，每年在6～7月份、12月份至翌年1月份对所有毛皮兽接种疫苗。发生过该病的养殖场免疫2次，幼兽40日龄首免，55日龄二免，以后每半年免疫1次。

（3）综合防治措施 ①加强平时饲养管理，采用科学的饲料配方，饲喂富含营养的饲料，坚决不喂霉变腐败饲料。定期驱虫。指定饲养人员饲养病貂。②做好消毒工作，交替使用多种消毒剂，对粪便、尿液、污水集中发酵。养殖场尽量做到自繁自养，如要引进种兽，必须严格隔离检疫。养殖场人员做好自身的卫生消毒工作，避免人为带毒传播疾病。

三、水貂冠状病毒性肠炎

水貂冠状病毒性肠炎又称流行性卡他性胃肠炎，是由冠状病毒引起的以出血性胃肠炎和腹泻为主要症状的一种病毒性传染病，发病率高，死亡率较低。除细小病毒性肠炎外，该病是另外一种能导致水貂腹泻的重要病毒性传染病。该病最早发现于美国，之后在加拿大、俄罗斯、丹麦及斯堪的纳维亚半岛等一些地区流行。我国于1987年首次发现该病，最初是由于我国北方沿海地区一些貂场从加拿大、美国等地引种而传入该病。

【病　原】 水貂冠状病毒性肠炎病毒属于冠状病毒科、冠状病毒属。该病毒对温度和紫外线很敏感，病毒在水貂粪便中可存活

6~9天，被粪便污染的物品在水中可保持数天的感染性。此外，该病毒对常用消毒药均比较敏感，0.01%高锰酸钾、1%来苏儿和1%福尔马林等消毒药均能在短时间内迅速杀死该病毒。

【流行病学】

1. 流行特点 水貂冠状病毒性肠炎在世界许多养貂国家都有流行，1987年传入我国北部沿海地区，曾在江苏省东台市和辽宁省庄河市一些貂场发生过。本病传播迅速，初期呈零星散发，3~5天后病貂急剧增加，7~10天几乎全场水貂相继发病，病程约1周。该病发病率很高，约为90%，但死亡率很低，为1%~2%。一般在10~20天达到发病高峰，30天左右逐渐平息。气候突变、卫生条件差、饲养密度大都可诱发该病。

2. 传染源及传播途径 感染貂是本病的主要传染源，由粪便排毒，经消化道感染。病毒主要存在于胃肠道内并随粪便排出，受病毒污染的环境、饲料、饮水、食具等，以及人员往来等是本病主要的传播媒介和途径。

3. 易感动物 本病的发生与水貂的品种和年龄密切相关，北美貂及其杂种后代对本病易感，我国原有的外国貂种易感性差。此外，成年貂和育成貂也较易感。目前，大概有15种冠状病毒被发现，有些可使人类致病，有些可使牛、猪、鼠、猫、犬、禽类、水貂等发病。

4. 高发季节 本病在春秋两季多发。

【临床症状】潜伏期为1~5天，初期零星散发，3~5天后发病貂数急剧上升，发病后10天左右达到高峰，该病发病率为90%左右，但死亡率仅为1%~2%，如果防治不及时，也可能造成大批死亡，特别是仔貂。腹泻严重的病貂，若饮水补液跟不上，往往会因脱水自体中毒而死亡。该病会严重影响水貂的正常发育，配种季节发病将会引起空怀。病貂一般体温不高，表现为精神沉郁，反应迟钝，动作不灵敏，两眼无神，鼻镜干燥，被毛无光泽，皮肤缺乏弹性，腹泻后会迅速脱水、消瘦。呕吐，食欲下降或废绝，饮欲增加。腹泻，排稀便，继而粪中带有白色团块、粉红色黏液及肠黏膜等，有的带有血液，后期有煤焦油样粪便，与水貂细小病毒性肠炎症状相似，但没有明显的管型样稀便。腹泻严重的会因脱水死亡，仔貂急性者于 2 天内死亡，耐过者 7～10 天可以恢复。

【病理变化】 病死貂尸体消瘦，口腔黏膜、眼结膜苍白，肛门及会阴部被稀便污染。病变主要在消化道，剖检可见胃肠空虚，胃肠道黏膜充血、出血、脱落，内有少量灰白色或暗红色的血样黏稠物。肠道内有血，肠系膜淋巴结肿胀，切面呈暗红色。肝肿大，呈黄褐色，质脆，切面呈紫褐色与灰黄色相间。脾呈深红色，有轻度肿胀。肾稍肿，病变不明显。

【诊 断】 根据病貂的临床症状（腹泻明显，但不形成"管型便"）、发病特点（发病率很高，约90%，但死亡率很低，1%～2%），以及接种了水貂病毒性肠炎疫苗还发生腹泻并且细菌学检查结果为阴性等综合判断，可以初步确诊为冠状病毒性肠炎。

【鉴别诊断】 水貂冠状病毒性肠炎和毛皮兽细小病毒性肠炎，二者在临床上均表现腹泻，且排泄物也很相似，应注意鉴别。细小病毒性肠炎在水貂上虽表现腹泻，但稀便中多数都有脱落的肠黏膜，排出粉红色或黄粉色稀便，即形成管型便，而冠状病毒性肠炎无此现象。细小病毒性肠炎发病率高，死亡率也高。而冠状病毒性肠炎发病率虽然很高，但死亡率却很低，一般为 1%～2%。细小病毒性肠炎应用细小病毒肠炎疫苗紧急接种，疫情能得到有效控制，而冠状病毒性肠炎接种细小病毒肠炎疫苗无效。此外，如果是由于细菌感染引起的腹泻，应用抗菌药治疗有效。而水貂冠状病毒性肠炎应用抗菌药治疗无效。

【防控措施】 目前，本病尚无特效药物治疗。对于病貂主要采取对症治疗，强心、补液、防止继发感染。应用土霉素、磺胺类药物等抗菌药，同时补给葡萄糖，能收到一定效果。具体方法是，皮下或腹腔注射 5%～10% 葡萄糖注射液 10～15 毫升，皮下注射要分多点注射。也可让病貂自饮葡萄糖甘氨酸溶液（配制方法：取葡萄糖 45 克、氯化钠 9 克、甘氨酸 0.5 克、柠檬酸钾 0.2 克、无水磷酸钾 4.3 克，溶解于 2 升水中，混匀），可缓解症状。

韩慧民报道，选择达到屠宰标准的健康猪，按一般屠宰方法放血入盆，待血液自然凝固后将血液块切开，使血清充分析出。弃去血凝块，取其含有部分未凝固血细胞的液体部分用于治疗，每只水貂饲喂 20 毫升左右，1 次/天，2～3 天即可治愈，应用 69 例病貂均取得满意效果，原理可能与猪血清中含有冠状病毒抗体有关。

目前，尚无疫苗可对该病进行免疫预防，可以从本场采集发病或死亡的貂胃肠道组织，制作同源组织自家灭活苗，该苗可用作紧急接种和预防接种。但要注意，制作自家苗一定要采取科学方法，彻底灭活病毒，以防散毒或再次引起感染。

平时加强饲养管理，提高貂群的抗病能力。灭鼠、灭蝇，严禁猫、野犬、家禽、家畜等进入貂场。搞好场内卫生和消毒工作。定期用火焰喷灯对笼舍进行消毒，用 20% 漂白粉、10% 氢氧化钠溶液或紫外线对笼舍地面、墙壁进行消毒，用化学消毒剂如 1% 来苏儿、1% 福尔马林、0.01% 高锰酸钾或 0.1% 过氧乙酸对食具、水槽等进行消毒。疫病流行期间，尽量减少畜牧活动和人员流动。

四、水貂阿留申病

水貂阿留申病是一种由阿留申病毒侵害水貂免疫系统而引起的慢性消耗性超敏性免疫失调传染病。该病也称浆细胞增多症或丙种球蛋白增多症。其特征为慢性、持续性、终生性病毒血症，全身淋巴细胞增生，浆细胞增多，丙种球蛋白增多，进而伴随肾小球肾炎、动脉炎、肝炎、卵巢炎或睾丸炎等。

本病最早于 1946 年在美国发现。前期被误认为一种遗传性疾病或自身免疫损伤性疾病，直到 1956 年才确定为病毒性传染病。目前该病在全世界流行广泛，在欧洲、美洲和亚洲等 20 多个养貂国家，包括我国东北、华北、西北等地的养貂场均有发生。本病可导致病貂进行性消瘦、免疫功能低下、种貂繁殖能力降低，发病率和病死率都较高，给养貂业带来巨大经济损失，是当前三大貂病之一。

【病　原】　水貂阿留申病毒是细小病毒科、细小病毒属成员，是单股线性 DNA 病毒。该病毒能在水貂体内迅速增殖，试验感染后 10 天，水貂的脾、肝和淋巴结的感染滴度达到最高（为 $10^8 \sim 10^9 \text{ID/}$ 克），之后组织中的病毒滴度缓慢降低，至 7 年后还能检测到病毒存在，大多数被感染的动物呈持续性感染。该病毒对热和酸碱抵抗力强，组织悬液中的病毒加热 80℃ 30 分钟或 100℃ 2 分钟均不能完全杀死，在 pH 值 2.8 ～ 10 仍能保持活力，对乙醚、氯仿、各种清洁剂、核酸酶、脱氧胆酸、2% 苯酚（pH 值 12.5）均有较强抵抗力，对蛋白酶、尿素有部分抵抗力，但对碘制剂、甲醛、紫外线、强酸和强碱都敏感，0.5% ～ 1% 氢氧化钠和 1% 福尔马林是该病毒的有效灭活剂。

【流行病学】

1. **流行特点**　该病前期为隐性不易发现，随即呈暴发性流行，继而转为地方流行性，难以根除。

2. **易感动物**　自然条件下，主要感染水貂。雪貂患病后可出现大部分症状。实验条件下，可感染狐狸、貉、浣熊、臭鼬等动物，体内产生抗体，但症状不明显。不同年龄、性别和品种的水貂均可感染。不同基因型的水貂发病率和发病程度不同，其中阿留申基因型毛色（彩色皮毛蓝色、黄色）水貂最易感，其发病率和病死率均明显比非阿留申基因型毛色（黑色皮毛）水貂高。成年貂感染率高于育成貂和仔貂，公貂感染率高于母貂。

3. **传染源及传播途径**　主要传染源是病貂和带毒貂（潜伏期、康复期和康复后）。本病为终身病毒血症，病毒终身存在于感染貂的体内。传播方式主要有水平传播和垂直传播。水貂的血液、组织器官、分泌物和排泄物中都含有病毒，可通过唾液和粪尿等排毒污染周围环境、饮水、饲料、器具等。主要通过直接或间接接触传染，可通过呼吸道传染。传播的主要媒介是流动人员和器具，可以通过交配、打斗撕咬、吸血昆虫叮咬、手术或注射时消毒不严、饲喂带毒貂尸体等途径传播。慢性感染貂可长期排毒。患病母貂可以通过胎盘感染胎儿，在产前 2 周被感染的妊娠母貂其后代几乎全部被感染。

4. 高发季节　本病四季均可发生，但有明显季节性。气候寒冷潮湿常促使病情加剧，故秋冬季发病率和病死率比春夏季高。饲养管理不善、饲料营养不均衡、保温措施不到位、环境阴冷潮湿和卫生条件差等会促发本病。

5. 发病年龄　成年水貂的感染率高于育成貂，公貂高于母貂。

【临床症状】　本病潜伏期长，自然感染多为 2～3 月，有的长达 1 年。临床表现分急性和慢性 2 种。

1. 急性型　多为人工感染，潜伏期为 3～10 天。主要表现为食欲减退或废绝、倦怠、嗜睡、机体衰竭、濒死出现抽搐痉挛，病程2～3 天。

2. 慢性型　病程较长，进展缓慢，数周或数月不等。多表现以下症状：①进行性消瘦。病貂采食量不足，食欲时好时坏，生长缓慢，逐渐消瘦，体重减轻。②出血性素质。病貂口腔、齿龈、腭部、咽喉、肛门和阴部有出血点和溃疡。消化道出血，排黑色煤焦油样稀软粪便。可视黏膜苍白，贫血症状明显。③饮欲增强。病中肾脏损伤，导致水分需求增大，临床出现暴饮或啃冰症状。④神经损伤。有的病貂后期出现痉挛抽搐、共济失调、后肢瘫痪等症状。⑤繁殖障碍。感染母貂不能正常妊娠、空怀、流产、死胎、产弱仔，仔貂存活率低。种公貂精子质量低下甚至丧失配种能力。病貂后期出现拒食而狂饮症状，最终多死于尿毒症或恶病质。

【病理变化】　病死貂尸僵完全，极度消瘦，被毛凌乱无光，眼睑、口腔等可视黏膜苍白，肛门周围附着有煤焦油样粪便。口腔、咽喉、胃等处黏膜上有出血点或溃疡灶。肾脏肿大，比正常大 2～3 倍，早期充血、后期贫血，呈灰褐色或淡黄色，表面有出血点或灰黄色坏死点。慢性病例肾脏略肿甚至萎缩，呈灰黄色，被膜难以剥落，隆起部表面有灰黄色颗粒样物质，凹凸不平。肝脏肿大，质脆，呈土黄色，表面有针尖大小灰白色坏死点。淋巴结、脾脏肿大，胸腺萎缩。

【诊　断】　现场根据流行病学、临床症状、病理变化，特别是肾脏免疫沉积物大量沉积的典型变化，可作出初步症断。可采用检测抗体的办法，进一步淘汰病貂，从而净化貂群。

【防控措施】　阿留申病给当今水貂养殖行业带来了巨大损失，其疫苗研发和防治问题一直是世界难题。由于水貂阿留申病目前尚无确实的有效治疗药物和特异性防治方法，控制本病必须采取综合防制措施。

无本病的貂场，建议采取以下措施：加强饲养管理。做好貂场环境卫生工作，控制场内人员流动。定期杀虫灭鼠，粪尿进行无害化处理。及时发现并淘汰病弱水貂，投喂免疫增强剂药物，提高动物机体的抵抗力。谨慎引种。由于本病潜伏期长，引进种貂时应长期隔离观察严格检疫，严禁病貂进入本场。

已有本病的貂场，除采取以上措施外，还要采取以下措施：严禁将病死貂做成饲料，保持病死貂尸体完整，严格焚烧或深埋，进行无害化处理。被污染的金属器械用 5% 福尔马林消毒，笼舍和器具定期用火焰喷灯消毒，地面用 10% 漂白粉或 2% 火碱液消毒。及时发现病貂并严格隔离或扑杀。每年在 11～12 月份采用 CIEP 法或其他方法对全群进行定期检疫，淘汰阳性病貂。只有双亲都是阴性的幼貂才能留作种用。自群淘汰 3～5 年，能逐步净化貂群，建立起无阿留申病貂场。

目前阿留申病无有效治疗药物。近年有报道对发病貂用干扰素的诱生剂聚肌胞普、多聚肌普酸或干扰素进行治疗，同时用抗菌药物控制继发感染，为缓解病情，用中药板蓝根注射液，肌内或皮下注射 1 毫升，每天上、下午各 1 次，同时饲喂复合维生素 B 每次 1 片，连续治疗 6～7 天。对于假定健康水貂要加强消毒，投喂抗病毒中药、黄芪多糖预防。

目前我国有灭活疫苗正在试验中，有望获得批准，投入生产。

五、狐传染性脑炎

传染性脑炎是由犬腺病毒 I 型引起的一种急性、败血性、致死性、接触传染性疾病。该病的主要特征是眼球震颤、高度兴奋、感觉过敏、肌肉痉挛、共济失调，并伴有发热、呕吐、腹泻和便血等症状。

本病最早于 1925 年在美国银狐场发现。此后，在德国、法国、苏联、波兰、挪威、加拿大等国家均有报道。1949 年 Siedentopf.H.A 和 Carlson.W.E 证明狐传染性脑炎与犬传染性肝炎是同一病原。随着养狐业的发展和种兽的引进，我国狐狸养殖场也有本病发生。貉和水貂都能感染传染性脑炎。本病目前在全世界广泛流行，加上其具有发病急、传染快、病死率高等特点，给毛皮动物业带来巨大经济损失，是毛皮动物的重要传染病之一。

【病　原】　犬腺病毒 I 型属腺病毒科、哺乳动物腺病毒属，为线性双股 DNA 病毒。该病毒抵抗力强，室温下可存活 30～40 天，37℃存活 2～9 天，60℃ 3～5 分钟失去活性，4℃保存 9 个月仍有传染性。对酸、热有一定的抵抗力，对乙醚、氯仿有耐受性。苯酚、碘酊和氢氧化钠是常用的有效消毒剂。腺病毒 II 型有弱毒疫苗，免疫性、安全性都很好，接种后 14 天即可产生免疫力。

【流行病学】

1. 流行特点　　目前，在世界各国的毛皮动物业和养犬业本病一直流行。对犬所引起的疾病叫传染性肝炎。本病常呈地方性流行，有时散发，也有暴发性流行。在本病的流行初期病兽死亡率高，中后期死亡率逐渐下降。不同品种、年龄和性别的狐（貉、水貂）均可感染本病，其中 3～6 月龄狐最易感，1 岁龄内狐感染率和死亡率为高。幼狐（貉、水貂）多呈暴发，发病率为 40%～50%，死亡率较高；2～3 岁成年狐（貉、水貂）多为散发，发病率为 2%～3%；老龄狐（貉、水貂）很少患病。病愈后的狐狸可获得终生免疫。

2.传染源及传播途径 病狐（貉、水貂）、隐性感染狐（貉、水貂）、康复狐（貉、水貂）和患传染性肝炎犬、隐性感染犬、康复犬是本病主要传染源，其中康复和隐性感染的动物为带毒者，是最危险传染源。病兽等带毒者通过唾液、体液、粪尿等分泌物和排泄物排出的病毒污染饮水、饲料和周围环境，经呼吸道和消化道感染传播。易感动物通过直接或间接接触而感染。康复动物肾脏数月甚至数年持续带毒，可长期随尿液排毒。因此尿液污染环境是本病最危险最常见的传播途径。寄生虫也可传播本病。另外本病可垂直传播，母兽通过胎盘、乳汁感染胎儿和幼兽。

3.高发季节 本病无明显的季节性，四季均可发生。但夏秋季由于幼兽多、饲养密度大，传播速度快，本病多发。

4.易感动物 研究表明：除犬和狐狸、貉、水貂外，该病还可感染狼、臭鼬、浣熊、虎、黑熊、水獭等多种动物。人也可感染本病，但没有任何临床症状。

【临床症状】

1.狐 狐狸自然感染传染性脑炎时，潜伏期为10～20天，多突然发生，呈急性经过，临床上可分为急性、亚急性和慢性3种类型。

（1）急性型 病例多为3～10日龄仔狐。病狐拒食、饮欲增加，流泪流涕，发热，腹泻，呕吐，继而出现神经症状，后期身体麻痹，昏迷死亡。病程短促，多为1天，也有长达3～4天的。此型一旦发病，难以治疗，死亡率高。

（2）亚急性型 病例多见成年狐。病狐表现喜卧、精神不振、食欲减退或废绝、身体虚弱、张弛热、可见黏膜出现贫血或黄疸、体温升高、心跳加速、脉搏失常。有的病例出现结膜炎、便血或血尿。病狐精神时好时坏，病程长达1月左右，最终死亡或转为慢性。

（3）慢性型 病例多见老疫区或疫病流行后期。病狐症状不明显，仅见轻度发热，食欲时好时坏，便秘与腹泻交替，贫血，结膜炎，逐渐消瘦，生长发育缓慢，较少死亡。

2. 貉　貉感染本病后临床表现非化脓性脑炎和肝炎 2 种类型。

（1）脑炎型　病貉发病急，食欲废绝，鼻镜干燥，高烧不退，四肢麻痹，站立困难，间歇抽搐，感觉过敏。随着病程的发展，抽搐频率加快，接着昏迷不醒。一般 1～2 天后死亡，死亡率高。

（2）肝炎型　早期病貉精神不振，食欲减退，发热 3～5 天，鼻镜干燥，饮欲增加，眼睛和鼻水样分泌物增多，皮肤和巩膜黄染。随后，脉搏和呼吸加快，出现呕吐，腹泻，初为黄色稀便，逐渐转为黑色煤焦油状血便，且恶臭难闻。病貉身体虚弱，食欲废绝，严重贫血脱水，有的出现神经症状，一般 1 周内死亡，死亡率 10%～20%。

3. 水貂　水貂感染本病后，一般要 7～8 月后出现症状，故一般为发病成年貂，1 岁内的幼貂不出现病症。病貂主要表现神经症状，共济失调，兴奋和嗜睡交替出现。早期病貂有时表现兴奋，常沿笼子奔跑，做转圈运动，自咬尾巴，后肢划动，动作不协调。有时感觉过敏，惊厥，紧咬笼子不松口。随着病程发展，出现反应迟钝，嗜睡，短时间转为兴奋或惊厥。最后神经症状加重，不能运动，丧失感官能力，全身衰竭而死亡。

【病理变化】

1. 狐

（1）急性型　病程在 1 天内的病狐剖检多无明显变化。病程 3～4 天的病狐剖检多见各器官出血，常见于脑组织、心内膜和胃肠黏膜；肝脏肿大，充血出血，呈淡红色或紫红色。

（2）亚急性型　病狐口腔、眼睑等可视黏膜苍白或黄染，胸腹部皮下组织有出血点或淡黄色胶冻样浸润物。肝脏肿大，呈鲜红色。肾脏肿大，表面有出血点。胃肠黏膜上有大小不一的出血点或溃疡灶，有煤焦油样内容物。

（3）慢性型　病狐尸体明显贫血、消瘦，胸腹部皮下组织有散在点状出血，胃肠黏膜有出血点和溃疡灶。肝脏脂肪变性，呈土黄色或棕红色，肿大，质硬，切面为豆蔻样花纹。

2. **貉** 主要病变在肝脏和血管。

（1）脑炎型 脑膜出血、淤血，有的脑组织轻度水肿，有的颅底出血。心外膜有出血点。肝脏肿大，质脆，呈黄褐色。胆囊壁增厚，胆汁浓稠。胃肠黏膜出血。肾脏肿大，呈灰黄色。

（2）肝炎型 病貉全身黄染。肺脏充血、淤血。肝脏肿大、质硬，肝小叶明显肿大、凸起，呈黄褐色或淡红色。胆囊壁水肿增厚，胆囊充盈，胆汁浓稠。脾脏肿大。肾脏肿大，皮质有出血点。胃肠道黏膜广泛出血，内容物多为红褐色或黑色黏稠状。肠系膜淋巴结肿大、充血。有的腹腔内有血样腹水。

3. **水貂** 病死貂出现轻度脑血管充血、脑实质水肿；胃内含有沥青状黏稠物质，有时发现局部有溃疡，小肠黏膜呈卡他性炎症；脾脏缩小。肝脏无明显的病变。

【诊　断】 根据流行病学、临床症状和病理变化一般可作出初步诊断。最终确诊需要通过实验室诊断。

【鉴别诊断】 狐传染性脑炎与脑脊髓炎、犬瘟热、钩虫病和钩端螺旋体病有相似之处，必须仔细鉴别，以免误诊。

1. **脑脊髓炎** 传染性脑炎大面积流行，脑脊髓炎常为散发。传染性脑炎不论狐的年龄大小均能感染发病，脑脊髓炎常发生于8～10月龄的幼狐。传染性脑炎常感染北极狐，银黑狐少发；银黑狐易感脑脊髓炎，北极狐少见。

2. **犬瘟热** 神经型犬瘟热病狐死亡前有抽搐、尖叫等神经症状；急性脑炎病狐最后多昏迷死亡。犬瘟热病狐主要症状有双相发热，眼、鼻、消化道等黏膜有浆液性炎症，皮肤湿疹并伴有特殊腥臭味；脑炎病狐无以上症状，仅有高热和结膜炎。

3. **钩虫病** 与慢性型狐传染性脑炎有相似之处。钩虫病多发于夏季，病狐消瘦、贫血、食欲减退、便秘与腹泻交替、粪便常带血，还出现呕吐、异嗜，经皮肤感染的病狐还出现皮肤发炎、奇痒、破溃等症状，可用驱虫药治愈。

4. 钩端螺旋体病　主要症状为短期发热，症状在 5～10 天内消失，随后又反复出现；蛋白尿、出血性素质、水肿、口腔黏膜有坏死等。狐传染性脑炎无以上症状，且其黄染较钩端螺旋体病颜色浅。

【防控措施】　目前，国内外无特效药物治疗本病，应以预防为主。

加强饲养管理，科学饲喂，提高动物体质和抵抗力。做好消毒工作，粪便、尿液、污水集中进行无害化处理。外来犬、猫严禁进入养殖场，本场饲养的犬必须接种犬传染性肝炎疫苗。养殖场尽量做到自繁自养，如要引进种兽，必须隔离检疫。做好免疫，目前国外多使用弱毒细胞苗，免疫后出现轻度角膜浑浊过敏反应，1～2天自然消失。国内多用犬肾细胞脑炎弱毒苗。每年在种兽配种前和仔兽分窝后 21 天进行预防接种，皮下注射单苗，每只 1 毫升。

发生传染性脑炎时，及时发现并尽早隔离治疗所有病兽和可疑病兽，到屠宰期为止。对食具、饮水器等用具煮沸消毒并固定使用，对污染的笼舍进行彻底消毒，用 10%～20% 漂白粉或 10% 生石灰乳消毒地面。病兽尸体应深埋或焚烧。冬季取皮期应进行严格检疫，精选种兽，患过本病或同窝有本病发生的幼兽及与之有接触的幼兽一律不能留作种用。

自然康复的病兽或犬可获得终生免疫，故通过病愈的动物或犬可获得特异性免疫血清。在发病初期，使用抗血清，再配合对症治疗，防止继发感染和精心护理，可收到良好的效果；发病中后期，临床症状明显和病情危重的病兽，进行抗血清治疗收效甚微。据报道：按说明书使用免疫球蛋白（高免血清），同时给病狐肌内注射维生素 B_{12}，幼兽为每只 250～300 微克，成兽为每只 350～500 微克，连续用药 3～5 天；并拌喂叶酸，0.5～0.6 毫克/天，连喂10～15 天，有一定疗效。

对假定健康群紧急免疫狐传染性脑炎活疫苗，水貂 1 毫升/只，狐、貉 3 毫升/只，1 周内避免使用抗病毒类药物，可以联合一些增强免疫力的药物。发病紧急的病场可给幼兽注射大剂量抗血清。

六、狂犬病

　　狂犬病是由狂犬病病毒引起的一种人兽共患传染病。本病亦称恐水症，俗称疯狗病。该病会导致动物的急性脑炎和周围神经炎症，发病后人或动物的死亡率高达 100%。该病的临床特征为神经兴奋和意识障碍，继而导致局部或全身麻痹而死亡。在病理组织学方面，以非化脓性脑炎和神经细胞胞质内出现尼基小体为主要特征。

　　狂犬病是一种古老的自然疫源性人兽共患传染病。我国早在公元前 556 年的《左传》中就有对该病的记载。西方国家的古籍中也有对狂犬病的描述。在 19 世纪，对该病的研究和认识有了重大的突破。狂犬病在世界各国广泛存在，在 1975 年，至少有 64 个国家有本病发生。近些年以来，也有一些国家采取有力措施，消灭了该病。目前，我国及印度是流行较为严重的地区。

　　【病　　原】　狂犬病病原为狂犬病病毒，该病毒属于弹状病毒科、狂犬病病毒属成员。狂犬病病毒抵抗力不强，在 70℃ 15 分钟、100℃ 2 分钟即可被杀死；干燥状态下可抵抗 100℃ 2～3 分钟。在 50% 甘油中可保持活力 1 年，在 4℃ 条件下，脑组织中的病毒可存活几个月，在 -70℃ 下存放的病料，几年内仍具有感染性。狂犬病病毒对酸、碱、苯酸、新洁尔灭等消毒剂敏感，在紫外线、X 射线下可迅速灭活。

　　【流行病学】　狂犬病几乎感染所有的温血动物，主要的贮存宿主是犬、野生肉食动物、土拨鼠及蝙蝠等，同为犬科的狐狸、貉等毛皮动物也容易感染狂犬病。携带病毒表现健康的猫是狂犬病的重要传染源。病犬和带毒犬是家畜和人最主要的传染源，而狼、豺、猴、浣熊、鹿、蝙蝠、啮齿类动物、鸟类等在狂犬病的流行过程中也起到了很重要的作用。

　　狂犬病主要是由于被患病动物咬伤而感染，少数情况下也可由患病动物舔触健康动物伤口而感染。除此之外，本病还可通过蝙蝠叮咬、胎盘或哺乳等多种途径传播。狂犬病病毒还可以通过气溶胶经呼吸道传播。

狂犬病病毒主要存在于患病动物的延脑、大脑皮质、海马角、小脑和脊髓等中枢神经系统中，唾液腺和唾液中含有大量病毒，并可随唾液排出体外。患病动物在出现临床症状前10～15天，以及临床症状消失后6～7天内，其唾液内均含有病毒。因此许多外观正常的动物能传播狂犬病。狂犬病病毒在蝙蝠体内可以呈亚临床感染，从而使蝙蝠成为狂犬病的一个重要传染源。狂犬病多呈散发，无明显季节性。

【临床症状】　该病的潜伏期一般为2～8周，最短为8天。水貂、狐狸、貉等毛皮动物的发病临床症状相似，一般可分为前驱期、兴奋期和麻痹期3个阶段。

1. **前驱期**　该期病兽精神沉郁，常躲在暗处，有时在笼内不断走动或奔跑，个别有攻击行为，攻击邻笼的动物或接近的人。病兽食欲减退，表现为大口吞食而不咽。该期病兽表现为反射机能亢进，轻度刺激即兴奋。病兽粪便一般发干多呈球状，流涎症状不明显，口端有水滴，体温一般无明显变化。

2. **兴奋期**　该期病兽高度兴奋，狂躁不安，具有极强的攻击性，常攻击人或临近动物，也会咬伤自己。在笼内表现为啃咬笼网及笼内食具，攀爬笼网，在笼内上蹿下跳。在本期病兽有痒觉，时常啃咬躯体，吃掉自己的尾巴和趾爪。病兽往往表现为极度兴奋和沉郁交替出现，出现特殊的斜视和惶恐的表情。随着病情的发展，病兽食欲废绝，陷于意识障碍，表现为反射紊乱，狂咬，散瞳或缩瞳，下颌麻痹，流涎。

3. **麻痹期**　此期病兽表现为衰竭，喜卧。下颌下垂，舌脱出口外，大量流涎，后躯及四肢麻痹。轻者以前肢支撑或跪地向前爬行，有的以臀部为轴原地打转，最后因呼吸中枢麻痹或衰竭而死。死前病兽体温下降，流涎。

【病理变化】 该病无特征性的剖检变化，死亡病兽一般营养状态良好，血液浓稠，凝固不良。尸僵完全，口角常附有黏稠液体，口腔黏膜和舌黏膜常见糜烂和溃疡。胃内常有毛发、石块、碎玻璃等异物，胃黏膜充血、出血或溃疡。脑水肿，脑膜和脑实质小血管充血，常见点状出血。少数病死兽尸体出现程度不同的皮肤或尾缺损。肝脏暗红色或土黄色，肿大，切面外翻并流出酱油色凝固不良的血液。胆囊肿胀，胆汁充盈。脾脏肿大，呈紫红色，有出血点。肠黏膜呈弥散性出血，肠腔内有黄色黏稠液体，部分肠段黏膜有坏死灶。病死兽的大脑、小脑均为非化脓性脑膜脑炎。

【诊　断】 根据病兽的临床症状并结合当地狂犬病的流行情况可作出初步诊断。确诊需进行实验室诊断。

【鉴别诊断】 犬瘟热、伪狂犬病、食盐中毒、肉毒梭菌中毒等疾病也都有神经症状，应注意与狂犬病的鉴别诊断。

1. **犬瘟热** 主要特征是发热、眼结膜炎、鼻炎、消化道炎症和足垫发炎并高度角质化等。没有狂犬病的狂躁和反射机能亢进的症状。

2. **伪狂犬病** 伪狂犬病是多种动物共患的急性病毒性传染病，其特点是侵害中枢神经系统和皮肤显著发痒，一般群发，会造成大批死亡。狂犬病一般呈零星散发，且没有皮肤发痒的症状。

3. **食盐中毒** 食盐中毒有时会出现大量死亡的情况，也表现有神经症状，但食盐中毒病例会有误食或在饲料中误加大量食盐的病史，病兽往往有暴饮现象。

4. **肉毒梭菌中毒** 肉毒梭菌中毒也会表现神经症状，但死亡很快，没有狂犬病各阶段的典型临床症状。

【防控措施】 目前，国内外均无特效药物治疗该病。对于发病水貂（狐狸、貉），由于狂犬病目前无法治愈，因此当发现患病动物或可疑动物不宜治疗，应尽快扑杀，防止其攻击人或其他动物。扑杀的动物必须焚烧或深埋处理，不得食用，以免造成该病的传播。

目前预防狂犬病最有效的方法是给动物接种狂犬病疫苗，国内常用的兽用狂犬病疫苗有单独的弱毒疫苗或与其他疫苗联合制成的多联疫苗。免疫期均在 1 年以上。近年来，从国外引进的 ERA 株狂犬病弱毒疫苗毒力更弱，经肌内注射成年牛、山羊、绵羊、家兔均安全有效，可用于各种动物免疫。

对于刚被患病动物咬伤的动物，应立即扩开伤口使之局部出血，再用肥皂水冲洗，以 0.1% 升汞、70% 酒精、醋酸、3% 苯酚、硝酸银处理或进行烧烙。同时立即注射狂犬病疫苗。若同时用狂犬病免疫血清按每千克体重 1.5 毫升在伤口周围分点注射，在被咬后72 小时内注射完毕，效果更好。

狂犬病为人兽共患病，在捕捉毛皮兽时要佩戴不易咬破的手套，避免被动物咬伤，如果被咬伤应立即处理伤口并尽快注射疫苗。

七、伪狂犬病

伪狂犬病又名阿氏病，是由猪疱疹病毒 I 型引起的多种家畜及野生动物的一种急性传染病。易感动物有猪、牛、羊、犬、猫、兔和水貂等动物，其中以对猪的危害最为严重。该病是以发热、奇痒（猪除外）及脑脊髓炎引起的神经症状为主要特征的一种疾病。该病在我国流行范围很广，目前已扩展到 21 个省（直辖市），对我国养猪业造成严重威胁。目前本病遍布世界各地，不完全统计已有 44个国家发生过此病，且疫情仍在不断蔓延扩大。毛皮动物常因食用伪狂犬病病猪肝等而感染。该病对毛皮动物危害很大，会造成很高的死亡率。

【病　原】 伪狂犬病病毒属于疱疹病毒科、α - 疱疹病毒亚科。各种动物的伪狂犬病会互相传染，特别是猪伪狂犬病可通过食物链或呼吸道传染毛皮动物。该病毒对外界抵抗力较强，在污染的猪舍内能存活 1 个多月，在肉中可存活 1 周以上。一般常用消毒药对其有效。用 1% 苯酚 15 分钟可杀死病毒，1%～2% 氢氧化钠溶液可立即杀死。本病毒对乙醚和氯仿等有机溶剂敏感，对酸和碱的抵抗力较强，pH值 6～11 之间稳定。对热有一定抵抗力，44℃ 5 小时，约 30% 的病毒保持感染力；56℃ 15 分钟，70℃ 5 分钟，100℃ 1 分钟可使病毒完全灭活：-30℃以下保存，可长期保持毒力稳定，但在 -15℃保存 12 周，则完全丧失感染力。紫外线、Y 射线照射可使病毒失活。

【流行病学】

1. 流行特点 在自然条件下，包括水貂、狐狸、貉等毛皮动物在内的多种动物都可感染。其中，猪对伪狂犬病毒最为敏感，发病也最严重，病猪、带毒猪是本病重要的传染源。

2. 传染源与传播途径 病毒侵入毛皮兽机体的主要途径是消化道，也可经呼吸道、皮肤伤口、黏膜损伤和生殖道感染，口腔黏膜有外伤时，更易感染该病。毛皮动物常因食用病猪内脏或下脚料而感染该病。

3. 高发季节 本病无明显季节性，但以夏秋季节多见，常呈暴发流行，初期死亡率很高。

【临床症状】 水貂、狐狸、貉等毛皮动物感染伪狂犬病病毒后，其临床症状相似，均有皮肤发痒和神经症状出现，可导致毛皮动物的大量死亡。

1. 水貂 病貂表现食欲减退，拒食或完全停食，做咀嚼运动，用前肢搔抓颜面或头部，在笼内不停地转圈，少数病例出现精神不振或沉郁，继而出现神经症状，发生痉挛，全身抽搐。多数病例发生四肢不全麻痹，特别是后肢无力，常呈犬坐姿势。病貂对外界刺激敏感性增强，稍加刺激即可发生痉挛、尖叫、仰卧、翻滚等神经症状。有些病例呈昏睡状态直至死亡。有些病例体温可升高 0.5～1.0℃，有些病例无体温变化，多数病例在死亡前的一段时间体温往往下降到正常值以下，呈腹式呼吸。病程一般 6～24 小时，有些可长达 1.5 天。

2. 貉 潜伏期一般 6～12 天。病貉表现拒食、流涎、呕吐，出现精神沉郁、对外界刺激敏感等神经症状。眼睑和瞳孔高度收缩。因皮肤发痒，病貉不断用前爪搔抓颈、唇、颊等处的皮肤，搔痒动作间隔 2～4 分钟，搔痒而导致皮肤损伤，损伤部位的皮肤和肌肉组织发炎、出血、肿胀。由于病毒侵害中枢神经系统，常会引起病貉四肢麻痹而出现瘫痪症状。病程仅1～2天，很快死亡。

3. **狐**　银黑狐、北极狐发病潜伏期为6～12天，主要症状是拒食1～2次，或食欲正常但症状发展很快，常发生流涎和呕吐，精神沉郁，拱腰，在笼内转圈，行动缓慢，呼吸加快，体温稍增高，瞳孔缩小，病狐主要特征为眼裂和瞳孔高度收缩。由于严重瘙痒，常用前爪搔抓颈部、唇、颊部的皮肤，不仅抓伤皮肤，而且也损伤皮下组织和肌肉，局部出现出血性水肿，有的仅抓掉毛，皮肤有轻微的红肿。病狐呻吟，翻转打滚，往往先跳起，又重新倒下。兴奋性显著增高的病狐，常咬笼子和食具等。由于中枢神经损伤严重和脑脊髓炎症，常引起肢体麻痹或不完全麻痹。有些病例出现呼吸困难，呈腹式呼吸，呼吸急促，每分钟150次。有些病例呈犬坐姿势，前肢叉开，颈伸展，咳嗽，呻吟。后期由鼻孔和嘴流出血样泡沫，这种病例很少出现搔抓伤，病程2～24小时。

【病理变化】

1. **水貂**　病死貂一般营养良好。舌尖部常有咬伤出血，口腔内和鼻孔周围可见血液。皮下和体表淋巴无明显变化。心脏高度扩张，心脏内充满凝固不良的血液，心内膜下出血，有时心外膜也见出血，心包液增量。肺脏多呈现较大面积的淤血和散在针尖大出血点。肝脏颜色发黄，并见小叶中央明显淤血。肾脏无明显变化。脾脏有时因含血量较多而色泽变深。胃黏膜面多有暗红色或褐红色黏稠的血样液体附着，胃黏膜有溃疡。小肠黏膜呈急性卡他性炎症，肿胀出血，覆有少量血液。大脑血管充盈，脑实质质软，脑实质呈面团状。

2. **貉**　病死貉尸僵不全，但血凝良好，面部部分皮肤抓伤、脱落，皮下组织水肿、出血、坏死；未脱落的边缘皮肤显著增厚。全身被毛蓬乱，体表偶见抓痕。支气管内充满多量的泡沫状液体，肺呈现水肿，切面流出血样泡沫液，在淤血的肺部切面可见结节状病变，无气体，可沉于水内。支气管纵隔淋巴结稍红。甲状腺水肿，呈胶质状，并有少量的点状出血。胃肠膨胀，黏膜肿胀、充血，覆盖有少量黏液组织，呈急性卡他性炎症。直肠黏膜有较多的小出血点，肠系膜淋巴结肿胀，有少量出血点。胆囊肿大，个别病例胆囊破裂。肝脏淤血、肿大，有少量坏死灶。脾脏肿大、淤血。心脏扩张，冠状血管充血，心包膜有少量渗出液，心肌呈煮肉样。肾包膜易于剥离，包膜下有少量的小出血点。脑膜下水肿、充血，脑脊髓液增多，脑皮质有针尖大出血点。

3. 狐　病死狐尸体营养状况良好，鼻、口角有多量粉红色泡沫状黏液，舌露出口外，有咬伤。眼、鼻、口和肛门黏膜发绀。被抓伤的皮肤表面已基本无毛，抓伤处往往皮肤撕裂，皮下组织呈现出血性胶样浸润。腹部膨胀，腹壁紧张，扣之呈鼓音。血液凝固不良，呈紫黑色。心脏扩张，冠心血管充盈，心包内有少量的渗出液，心肌呈煮肉样。肺脏呈暗红色或淡红色，凹凸不平，有红色肝变区和灰色肝变区，交错分布，切面有大量暗红色凝固不全的血液流出。气管内有黄褐色泡沫状液体，胸膜有出血点，支气管和纵隔淋巴结充血、淤血。甲状腺水肿呈胶质状，有出血点。胃肠臌胀，腹部胀满。胃肠黏膜常附有煤焦油样内容物，胃内常有出血点。肾增大，呈樱桃红色或泥土色，质软，切面多血。脾微增大、充血、淤血，白髓明显，包膜下有出血点。大脑血管充盈，实质稍软。

【诊　断】　根据毛皮动物有食用猪内脏或下脚料的病史以及出现瘙痒和神经症状，可作出初步诊断。确诊需进行实验室检验。

【鉴别诊断】　毛皮动物的伪狂犬病临床上不太被重视，有时会误诊。其症状与食盐中毒、肉毒梭菌中毒、伪狂犬病、巴氏杆菌病等疾病比较相似，应注意鉴别诊断。

1. **食盐中毒**　都会有大量死亡的现象出现，表现神经症状，但是没有狐狸、貉的瘙痒症状，有大量投服食盐的历史及明显的暴饮现象。

2. **肉毒梭菌毒素中毒**　在水貂很难通过临床症状区别，均表现急性死亡、后肢瘫痪，死亡率较高，鉴别需要实验室诊断。但是狐狸和貉可依据有无瘙痒症状鉴别，肉毒梭菌毒素中毒没有瘙痒症状。

3. 伪狂犬病　狐和貉的伪狂犬病也表现瘙痒、神经症状，个别发病与伪狂犬病较难区别。但是狂犬病一般为散发，不会爆发大批死亡，而且会有明显的感觉过敏、攻击人或其他动物的狂躁症状。

4. 巴氏杆菌病　该病和伪狂犬病都具有急性死亡和死亡率较高的特点，但是前者没有瘙痒症状。

【防控措施】　目前，国内外尚无特效药物治疗本病。对于发病水貂（狐、貉），可适当用抗生素防止继发感染。尽量不以猪内脏或其他猪肉制品作为毛皮动物的饲料，或者煮熟再喂。平时场内做好防鼠措施，也可用家畜的伪狂犬病灭活疫苗对毛皮动物进行接种，免疫期为1年，效果良好。

疫情处理：发病动物立即隔离，停止饲喂猪肉及相关制品，使用聚维酮碘消毒环境、笼具、粪便，死亡的动物尸体做无害化处理，其粪尿、笼具进行严格消毒。全场进行灭鼠、防鸟工作。在饲料中添加葡萄糖、电解多维、复合维生素B、黄芪多糖等增强动物免疫力的药物，板青颗粒等中药抗病毒药物，同时应用林可霉素、大观霉素、氟苯尼考、氧氟沙星等抗菌药防止细菌继发感染。对假定健康兽群进行紧急免疫，注射伪狂犬病灭活疫苗。活疫苗应用要慎之又慎。

第二节　细菌性疾病

一、炭 疽 病

炭疽病是由炭疽杆菌引起的人兽共患急性、热性、败血性传染病，以脾脏肿大、皮下和浆膜下结缔组织浆液性出血浸润为特征。毛皮动物开始在水貂上首次发现，病死率较高，狐也有发生。

【病　原】　炭疽杆菌为革兰氏阳性杆菌，菌体长3～8微米，宽1～2微米，两端平截或凹陷。能形成芽胞，芽胞抵抗力很强。炭疽杆菌的繁殖体的抵抗力不强，60℃加热30～60分钟或75℃5～

15分钟即可被杀死，也易被普通消毒剂杀灭，而芽胞在环境中的抗逆性和抵抗力强大，土壤被污染后可保持感染力达到二三十年，在动物皮毛中能存活数年。蒸汽或煮沸10～15分钟能杀死芽胞，皮毛上的芽胞121℃高压蒸汽消毒15分钟才被杀死。常用的消毒剂为20%石灰乳或漂白粉、0.5%过氧乙酸、4%高锰酸钾、0.1%升汞、0.04%碘液等。本菌繁殖体对青霉素、头孢类、磺胺类、四环素、金霉素、强力霉素及卡那霉素敏感，能抑制其芽胞和繁殖体生长，其中青霉素为首选药物。

【流行病学】

1. **流行特点**　自然条件下，水貂、紫貂、兔和海狸鼠、麝鼠易感；银黑狐和北极狐钝感；貉对炭疽杆菌较有抵抗力。在家畜中，草食动物易感性较高，牛、羊、骆驼、鹿易感，而犬和猫相对具有抵抗力。实验动物中小白鼠和豚鼠易感。各年龄段的水貂、狐狸、貉均可感染，没有明显的年龄区别。

2. **传播途径**　带病动物的分泌物和排泄物、死前或死后从天然孔流出的血液容易形成芽胞，若尸体处理不当，如随意剥皮、分割、丢弃或浅埋，都可造成污染环境，从而成为危险的疫源地。此外，吸血昆虫和鸟类也能成为炭疽病的传播媒介。炭疽主要经消化道感染，也能经呼吸道感染。炭疽芽胞在炭疽的传播上起主要作用，动物直接与被炭疽芽胞污染的环境或饲料接触，包括空气、水、食物和土壤等，然后通过皮肤接触、吸入和摄入而受到感染产生毒素，而导致动物死亡。

3. **高发季节**　本病没有季节性，一年四季都可发生，但夏季较多，特别是洪水泛滥之后，如果动物性饲料被炭疽杆菌污染，可在短时间内使毛皮动物大群发病，在2～3天内发生大批死亡，之后死亡率下降。如果不采取扑灭措施，可长期在兽场内传播，造成重大的经济损失。

【临床症状】　一般潜伏期1～5天，个别的长达2周，根据病程，可分为最急性、急性、亚急性和慢性型。毛皮动物炭疽病的潜伏期很短，一般为 10～12 小时，大多患兽表现为超急性经过无任何临床表现，即突然死亡。

水貂病程为 20～30 分钟到 2～3 小时，呈急性经过，病初体温急剧升高，口吐白沫，呼吸频数，步履蹒跚，饮欲增加，拒食，血尿和腹泻，粪便内混有血块和气泡，常从肛门和鼻孔里流出血样泡沫，出现咳嗽、呼吸困难、抽搐等症状，并伴有咽喉、颈和头部水肿，有时蔓延至胸下四肢及躯干，一般转归死亡。

银黑、北极狐和貉的病程略长，一般为 1～2 昼夜，除表现上述水貂的临床症状外，主要表现喉部水肿，由颈部向头、四肢和躯干扩延。几乎全部以死亡告终，少有康复病例。

【病理变化】 病兽尸僵不全，口、鼻、肛门等天然孔有血样的泡沫流出，口腔黏膜、眼结膜蓝紫色。在头、咽喉、颈及腹部皮下组织有胶冻样浸润。

【诊　断】 根据尸僵不全、天然孔出血、病情发展急剧可以作出初步诊断。该病病死动物尸体禁止剖检，应迅速无害化处理，就地深埋。最终确诊要靠血清学和细菌学检查。

【鉴别诊断】 北极狐和银黑狐的炭疽病与副伤寒有些相似，但副伤寒仅发生在 2 月龄的幼狐，没有咽喉及头部肿胀的症状，病程达 5～10 天，尸僵完全，血凝良好，血清沉淀反应无沉淀环，呈阴性。

【防控措施】 执行卫生防疫制度，严禁饲喂来源不明或自然死亡的动物肉。发生洪灾时要严密监控该病的流行态势，如有病例立即报告当地兽医主管部门，防止大规模传播，人员尽快撤离该场。

发现疫情后，立即向当地兽医主管部门报告疫情，尽快划定疫点、疫区，实施封锁、检疫、隔离、紧急接种等综合性防疫措施，对可疑病兽不提倡治疗，要直接无害化处理，死尸不可剖检取皮，一律焚烧或深埋。污染的笼舍要用火焰消毒或用 20% 漂白粉、5%苯酚合剂消毒，地面用 20% 石灰乳消毒。病兽躺过的地方要铲除

10 厘米土层，取下的土应与 20% 漂白粉液混合后再行深埋。污染的饲料、垫草、粪便及尸体应深埋或焚烧处理，深度不得低于 2 米。尸体底部与表面应撒上一厚层漂白粉，与尸体接触的车及用具使用完后要消毒。病死兽尸体不得解剖，以免体内炭疽杆菌繁殖体接触游离氧后，形成抵抗力强大的芽胞，成为永久性传染源。禁止动物出入和输出畜产品及饲料，禁止其他动物食用病兽肉。在最后一只病兽死亡或痊愈后 15 天，解除封锁，解除前再进行 1 次终末消毒。

发现第一只病兽后，应立即通知附近其他养殖场进行炭疽疫苗接种。如有必要，该场内其他健康兽立即采取以下措施：注射炭疽血清，成狐、貉、貂，1～1.5 毫升 / 千克体重，隔日 1 次。全群大剂量肌内注射青霉素，饲料中加入磺胺间甲氧嘧啶 50 毫克 / 千克体重，1 次 / 天，连用 7 天。

本病为人兽共患传染病，甚至能致人死亡，因此在处理时应注意自身防护。

二、破 伤 风

破伤风又名强直症，是由破伤风梭菌经过伤口感染引起的急性、中毒性人兽共患传染病。以全身肌肉或个别肌群强直性痉挛和神经反射性兴奋增高为主要特征。本病发生于世界各地，呈散在性发生，多见于马和羔羊，毛皮动物也时有发生。

【病　原】破伤风梭菌为革兰氏染色阳性厌氧菌，能运动，能形成芽胞，无荚膜，细长，长 4～8 微米，宽 0.3～0.5 微米，周身鞭毛，芽胞呈圆形，位于菌体顶端，直径比菌体宽大，似鼓槌状，是本菌的形态特征。本菌繁殖体抵抗力一般，但芽胞抵抗力强大，在土壤中可存活数十年，干燥条件下可生存 10 年以上，能耐煮沸40～50 分钟，煮沸 1～3 小时才死亡，5% 苯酚 15 小时才能将其杀死，10% 漂白粉、10% 碘酊能使其很快死亡，对青霉素敏感，磺胺类药物有抑菌作用。

【流行病学】　破伤风梭菌于自然界中由伤口侵入动物体而致病，但破伤风梭菌是厌氧菌，在一般伤口中不能生长，伤口的厌氧环境是破伤风梭菌感染的重要条件。当侵入创口小而创伤深、创口被污染物结痂封闭时，创腔内为缺氧状态，芽胞转变为菌体，开始生长繁殖。各年龄段均易感，无年龄差异。本病没有季节性，多散发，春秋两季雨水多时易发。破伤风梭菌的芽胞广泛存在于自然界中，尤其是疫区的土壤、饲料、粪便及被污染的垫草中均含有。该菌在生长过程中产生强毒外毒素，作用于神经末梢，被吸收后沿神经纤维到达中枢神经系统，使动物发病，产生一系列神经症状。

【临床症状】　该病潜伏期一般为 7～21 天。主要症状是对外界刺激的反应性增高，全身骨骼肌发生强直痉挛。病初精神沉郁，运动障碍，四肢弯曲，有食欲但采食咀嚼、张口吞咽困难，常把嘴插入食盆中而不能进食，流涎，鼻孔扩张，背肌坚硬，尾高举偏向一侧，不能自如活动，惧怕声响，当受到突然刺激时，表现惊恐不安，呼吸浅表，心悸亢进、心律不齐，排便迟滞，体温正常。

【病理变化】　内脏无明显变化，黏膜、浆膜可能有出血点，四肢和躯干肌间结缔组织呈浆液性浸润，肺充血、水肿或有异物性肺炎症状。

【诊　断】　根据肌肉强直痉挛，反射兴奋增高，体温和食欲正常，可初步作出诊断，但对经过较慢的和发病轻的病例，要注意与急性肌肉风湿病加以区分，其不同点是，肌肉风湿病的体温升高，兴奋性不高，触诊患病部位有痛感。

【防控措施】　预防本病的主要措施是减少或杜绝外伤，一旦发现创伤，要及时处理创面，彻底消毒，破坏厌氧环境。产前产箱内壁要进行火焰消毒，保温所用的垫草也一定要用非疫区的洁净干草或用碱水洗涤、暴晒、晾干后再用，清理笼具及垫料中能够对动物造成创伤的尖锐物体，特备是铁质笼具及脚踏板上的铁刺，防止深部创伤发生。发现有尖锐物体刺入动物体内可采取预防性治疗，肌内注射抗破伤风毒素血清，并肌内注射青霉素20万单位/千克体重，2次/天，连用2～3天。

病兽无治疗价值，一般做无害化淘汰处理。如品种价值高，可参考以下方案治疗：病初除创口消毒外，可用肌内注射大剂量青霉素，皮下注射抗破伤风血清，肌内注射氯丙嗪解痉镇静，治疗的同时加强对患病动物的护理，移至阴暗或避光的圈舍或笼舍内，减少人员接触，保持环境安静，精心饲养，增加营养，增强抗病能力。

该病虽为人兽共患性疾病，但并不直接从动物传染给人类。当人员被尖锐物体插入肌肉深部时，应及时就医。

三、结核病

结核病是一种由结核分枝杆菌引起的人兽共患慢性消耗性传染病，多呈慢性经过。本病的特点是在机体组织中形成结核结节性肉芽肿和干酪样的钙化坏死性病灶。毛皮动物的结核病在美国、加拿大、法国、德国、挪威等国都有报道，一般呈地方性流行。已知各型结核杆菌在人类和动物之间可互相感染。在我国，毛皮兽呈散发病例，很少地方性流行。

【病　原】　结核分枝杆菌为细长略带弯曲的杆菌，大小1～4微米×0.4微米，革兰氏染色阳性。该菌对干燥的抵抗力特别强，黏附在尘埃上可保持传染性8～10天。对湿热敏感，在液体中加热60℃30分钟或煮沸即被杀死，对紫外线敏感，直射阳光4小时被杀死。对绝大多数消毒剂抵抗力比其他非芽胞菌稍强，在10%漂白粉混悬液中很快死亡，在70%乙醇中2分钟死亡。本菌对磺胺药、青霉素及其他广谱抗菌药均不敏感，对链霉素、丝环氨酸、异烟肼及其衍生物、对氨基水杨酸、利福平等敏感。

【流行病学】　污染结核菌的肉类饲料（鸡架、鸭架）和乳品是主要的传染源。主要通过呼吸道和消化道传播，患病动物的排泄物及结核病人的分泌物均含量大量病菌。幼龄期易感。一年四季都可发生，多为散发。

【临床症状】

1. **貉** 潜伏期长短不一，短者十几天，长者数月至数年。病貉发育停滞，消瘦，被毛逆立、蓬乱、粗糙无光泽。有的病貉咳嗽；有的病貉体表淋巴结肿大，特别是颈部浅表淋巴结溃烂，创面被毛互相黏结，污秽不堪。可视黏膜苍白，病貉倦怠，不活动，不发情，不易受孕，发育落后，皮张质量下降。多于秋末冬初死亡。

2. **水貂** 病貂表现进行性消瘦，易疲劳，被毛无光泽，咳嗽，呼吸困难，鼻及眼有浆液性分泌物，腹腔积液。

3. **狐** 临床上大多数病狐表现被毛零乱，咳嗽，很少运动，呼吸困难，有的发生腹泻，便秘，腹部膨胀增大，腹腔积液。实质器官（肝、肾等）被侵害时，常无明显发病症状。

【病理变化】

1. **貉** 尸僵完整，可视黏膜苍白，消瘦。病变多发生于肺部，在肺表面及组织深部有豌豆大或黄豆大散在的钙化或未钙化的结节，切面有浓稠凝块或灰黄色脓样物，结节附近肺组织表现浸润性坏死或出血性炎症。有的侵害气管和支气管，形成空洞。胸腔有化脓性渗出性胸膜炎。纵隔淋巴结肿大，切面呈干酪样。扁桃体与颌下淋巴结、肠系膜淋巴结明显肿大，肠系膜、大网膜上有大小不等的圆形结节，切面呈干酪样。心脏冠状沟部及肾脏周围无脂肪蓄积。

2. **水貂** 在肺、脾、肝、肠壁上出现大小不同的黄白色或黄灰色结节或浓稠凝块和脓样物。

3. **狐** 与貉相似。

【诊　断】 当兽群发生原因不明的渐进性消瘦、咳嗽、呼吸异常、慢性乳腺炎、顽固性腹泻、体表淋巴结慢性肿胀等症状时，可怀疑本病。确诊须根据尸体剖检的特异性结核病变和微生物学及结核菌素试验检查结果确定。临床上要注意与慢性消耗性疾病相区别。

【防控措施】 严防人与动物之间互相传染，饲养人员要定期体检，结核病人不能饲养动物。场内应用 20% 生石灰乳或 5% 漂白粉混悬液等定期消毒。用结核菌素试验净化感染的兽群，对于可疑或结核菌素试验阳性病兽要无害化处理，同时操作人员要注意自身防护，以免感染人。

病兽不提倡治疗，建议无害化处理。该病为慢性人兽共患病，饲养人员应注意自身防护。

四、巴氏杆菌病

巴氏杆菌病是由多杀性巴氏杆菌引起的一种出血性、败血性人兽共患传染病。

【病　原】　多杀性巴氏杆菌两端钝圆，中央微凸，短杆菌长 1～1.5 微米、宽 0.3～0.6 微米。不形成芽胞、无运动性。革兰氏染色阴性，碱性美蓝或瑞氏染色具有明显的两极染色特征。本菌的抵抗力不强，在直射阳光和干燥的情况下迅速死亡；56℃经 15 分钟，60℃ 10 分钟可杀死，煮沸立即杀死。一般消毒药在几分钟或十几分钟内可杀死。3% 苯酚和 0.1% 升汞溶液在 1 分钟内可杀死，10% 石灰乳及 3% 福尔马林 1～2 分钟可使之死亡。在无菌蒸馏水和生理盐水中迅速死亡，但在尸体内可存活 1～3 个月，在厩肥中亦可存活 1 个月。

【流行病学】　多杀性巴氏杆菌对许多动物和人均有致病性，紫貂、水貂、银狐、蓝狐、貉、獭兽、麝鼠等都可感染。水貂对巴氏杆菌比较敏感，多呈地方性流行。兽场常因投喂病畜禽及被污染的肉类饲料副产品而使兽群染病，尤以兔、禽类副产品最危险。带菌的禽、兔进入兽场，或混养在一个养殖场内，是本病发生的重要原因，故切忌貂、兔、鸡混养。

各年龄段均可发病，一般幼兽易发。本病无明显的季节性，但以气候突变、阴雨潮湿的季节发病较多。

当气候、季节变化，长途运输和寄生虫感染，营养不良等因素导致动物机体抵抗力降低时，健康带菌动物的呼吸道和扁桃体内所存在的巴氏杆菌，会变成强毒菌而造成内源性感染。由污染的饲料、水、空气、器具等经消化道、呼吸道、外伤而造成外源性感染。如果机体抵抗力较弱，而侵入的是强毒菌，则会很快地通过淋巴结的阻止作用，进入血液，形成菌血症，染病动物可于24小时内因败血症死亡。如果机体抵抗力强或侵入机体的菌数不太多或毒力较弱，病程可延长1～2天或更久。如果病原菌属于弱毒力，机体又具有较强的抵抗力，则病变会局限于局部。

【临床症状】

1. **貉**　慢性型病程1周左右，病初精神不振、食欲减退、体温升高、眼球塌陷、迅速消瘦、被毛蓬乱、饮欲增强。腹泻、稀便恶臭并混有血液和黏液、心跳加快、呼吸音强，常发大叶性肺炎症状，呼吸困难，气喘。最后食欲废绝、步履蹒跚、共济失调、卧地不起、麻痹衰竭、全身痉挛而死。急性型多表现为无任何症状突然死亡，病程1～2天的病例，病初精神浓郁，卧于小室内，不喜活动，被毛蓬乱无光泽，体温升高，食欲减退或废绝，呼吸困难，鼻镜干燥，喜饮凉水，少数腹泻，有时头颈发生水肿，后期运步不灵活，常呈痉挛性抽搐而死。

2. **水貂**　流行初期多为最急性经过，幼貂突然散发死亡，看不到明显症状，晚食吃光，翌日早饲发现死亡；或者以神经症状开始，病貂癫痫性抽搐尖叫，虚脱出汗，休克而死。流行至一定程度时，发病死亡出现高峰。病貂类似感冒，不愿活动，两眼睁得不圆，鼻镜干燥，体温升高，触诊脚掌比较热，食欲减退或不食，饮欲增高。胸型的以呼吸系统病变为主，出现呼吸频数、心跳加快，幼病貂鼻孔有少量血样分泌物，有的出现头、颈水肿，甚至眼球突出。病程一般48～72小时，即2～3天死亡。肠型病貂以消化道变化为主，食欲减退或废绝，腹泻，稀便混有血液，眼球塌陷，卧在小室内不活动，通常在昏迷或痉挛中死去。慢性经过的病貂精神不振，食欲不佳或拒食，呕吐，常卧于小室内，不活动，被毛无光泽，消瘦，鼻镜干燥，腹泻，肛门附近沾有少量稀便或黏液。如不及时治疗，3～5天或更长一点时间转归死亡。

3. **狐** 少数病狐突然倒地死亡，不表现症状；多数病狐精神沉郁，体温升高，食欲减退或废绝，被毛零乱无光泽，呼吸困难，咳嗽，鼻腔周围有血沫、黏液性或脓性结痂。

本病是常见的多发性条件性传染病，流行初期症状不典型，很少见到出血性败血症。幼兽发病率、死亡率高，如果不及时诊治，常引起较大经济损失。

【病理变化】

1. **貉** 剖检病死貉可见口腔和鼻腔内有褐色液体。肺充血、出血严重。心脏出血，心包和胸腔积有血水。肝稍肿大、充血。肠浆膜有出血点，内容物稀少，盲肠黏膜严重出血，病变明显，直肠黏膜出血。胃内容物少，浆膜有出血点，黏膜有褐色液体。

2. **貂** 最急性死亡的貂尸营养状态良好，病变也不明显，剥开皮肤，皮下组织良好，只表现充血、淤血，色暗，紫红色，可视黏膜（眼、口）充血、淤血。急性或亚急性死亡的病貂病理变化比较明显，有的头部、腹股沟部、颈部皮下水肿，头颈部皮下轻度黄染，末梢血管充盈，浅表淋巴结肿大，胸腔有少量淡黄红色黏稠的渗出液并有出血点，心肌弛缓，心包膜和心内外膜有出血点，乳头肌呈条状出血；膈肌充血、出血；大网膜、肠系膜充血、出血；脾脏肿大，折叠困难，边缘钝；肝脏充血、淤血，肿大，切开有多量褐红色血液流出，质脆，有的黄染，呈土黄色；肾脏皮质充血、出血，切面浑浊，肾包膜下有出血点，肠系膜淋巴结肿大，甲状腺肿大。

3. **狐** 鼻窦和副鼻窦内有黏液性或脓性鼻液，皮下、鼻腔、喉头、气管和支气管有不同程度的充血和出血；淋巴结肿大、出血；肺脏肝样病变，有出血点及出血斑，有的呈片状出血，特别是急性死亡的病例，肺脏有明显的出血、水肿，两侧肺均大面积出血，肺脏肝样病变，失去呼吸功能；肝脏肿大、有少量灰白色坏死灶；十二指肠、空肠、回肠肿大，失去弹性，呈灰白色；膀胱黏膜呈弥漫性出血。

【诊　断】 根据流行特点和病理变化可以作出初步诊断。进一步确诊需做细菌分离鉴定。

【鉴别诊断】

1. 犬瘟热 犬瘟热很快出现浆液性、化脓性结膜炎和鼻炎，发生恶臭，下痢混有血液，有神经症状及呼吸道症状，如阵挛性和强直性抽搐，不全麻痹和麻痹，皮肤型犬瘟热出现脚掌皮肤肿胀，狐貉皮肤出现斑疹，水貂出现皮肤坏死。病程较长，大部分超过 7 天，部分 1 个月左右，逐渐衰竭死亡。

2. 沙门氏菌病 主要表现胃肠机能紊乱，体温 40～41℃，精神沉郁，有黏液性化脓性鼻液，咳嗽，腹泻，排水样便并混有黏液和血液，吸乳无力，喜卧，衰弱死亡，脾脏极度肿大。北极狐、黑狐、貉的皮肤和黏膜有明显黄疸。

3. 钩端螺旋体 黄疸明显。

4. 伪狂犬病 狐、貉及水貂有明显的神经症状。狐、貉有明显的瘙痒症状致皮肤损伤严重，而水貂表现为用前指掌摩擦鼻镜、颈和腹部，无皮肤损伤。

【防控措施】 改善饲养管理，给予新鲜易消化的饲料。加强饲养场的卫生防疫工作，畜禽肉类及下脚料一定要煮熟、煮透再饲喂。阴雨连绵或秋冬季节交替时加强饲养管理。切忌毛皮动物和兔、鸡、鸭、猪、犬等混养。

发生过本病的养殖场可预防接种多杀性巴氏杆菌疫苗。

发病早期应用抗生素和磺胺类药物能收到较好的治疗效果。

水貂，青霉素 40 万单位 / 只 ＋ 环丙沙星 10 毫克 / 只，肌内注射，2 次 / 天。狐、貉，肌内注射恩诺沙星 5 毫克 / 千克体重，1 次 / 天，联用青霉素 20 万单位 / 千克体重，3 次 / 天，均连用 4～5 天。

因为巴氏杆菌病超急性和亚急性经过发病急，死亡快，在临床上不易发现，所以，在实际生产中应采取全群预防性治疗，最好肌内注射抗菌药物，以尽快控制疫情。氟苯尼考、替米考星、恩诺沙星、诺氟沙星、多西环素、复方新诺明片、庆大霉素等都有效。氟苯尼考，30 毫克 / 千克体重，口服，1 次 / 天，连用 5～7 天；或肌内注射，20 毫克 / 千克体重，36 小时 / 次，连用 3 次，全群应用。替米考星，20 毫克 /

千克体重，口服，1次/天，同时配合阿莫西林30～50毫克/千克体重，口服，2次/天，连用5～7天。恩诺沙星包被剂，5毫克/千克体重，口服，2次/天；配合多西环素20毫克/千克体重，口服，1次/天，连用5～7天。复方新诺明片，50毫克/千克体重，口服，2次/天，首次加倍；配合阿莫西林30～50毫克/千克体重，口服，2次/天，连用5～7天。头孢噻呋钠5毫克/千克体重，肌内注射，1次/天，连用4天；同时配合恩诺沙星5毫克/千克体重，口服，2次/天，连用5～7天。

五、链球菌病

链球菌病主要是由α、β溶血性链球菌引起的多种人兽共患病的总称。动物链球菌病中以猪、牛、羊、马、鸡较常见，近来水貂、犊牛、兽和鱼类也有发生链球菌病的报道。链球菌病的临床表现多种多样，可以引起化脓创、败血症及急性死亡，也可表现为各种局限性感染。

【病　原】　链球菌为革兰氏染色阳性球菌，直径约1微米。

1.α溶血性链球菌　可引起仔兽肺炎，故又称肺炎链球菌，多呈双排列，也有的呈单个或短链状，菌体呈矛头状，宽端相对，尖端向外，有毒株在体内形成荚膜。

2.β溶血性链球菌　呈短链排列，一般4～5个排列，也有20～30个排列，甚至上百个排列都有。在血琼脂培养基上，菌落周围形成完全透明的溶血环，也称乙型溶血。该菌能引起人类的"猩红热"。

链球菌的抵抗力均较弱，56℃15～30分钟即被杀死。对一般消毒剂敏感。有荚膜株抗干燥力较强。对青霉素、红霉素、林可霉素等抗生素敏感，但由于目前饲喂的饲料多为集约化饲养的畜禽肉类及下脚料，因耐药菌株的传导，很多菌株产生了耐药性，因此用药效果并不理想。

【流行病学】　本病在寒冷和炎热季节多发，特别是夏季高温高湿环境，饲料容易腐败变质时多发。同群之间容易互相传播，造成大范围发病死亡。

α 溶血性链球菌为条件致病菌，存在于健康动物的呼吸道、消化道内及体表。肺炎球菌病（α 溶血性链球菌病）在各种应激条件下容易发生。主要由于天气寒冷，小室保暖不好或通风不良，先是引起感冒而后继发该病，或天气高温高湿，小室通风不良、闷热而诱发的。多经呼吸道和消化道传播。仔兽容易发生，特别是幼貂发病率、死亡率很高，成年兽也可发病，但死亡较少。

β 溶血性链球菌病多发生于幼兽，大多在出生后 5～6 周开始，7～8 周达到高潮，在临床上见到的病例要远少于肺炎球菌病。该病可经外伤或消化道感染。其发生多是由于饲喂患病畜禽及污染的肉类饲料、下脚料及饮水而感染，还可以通过污染的垫草、饲养工具传播。

【临床症状】

1. 肺炎链球菌病（α 溶血性链球菌病）

（1）貉　病貉表现精神沉郁，鼻镜干燥，可视黏膜潮红或发绀，体温升高，呼吸急促，有时咳嗽，粪便干燥，喜饮水，不进食，治疗不及时可死亡。

（2）水貂　病貂精神沉郁，鼻镜干燥，可视黏膜潮红或发绀，常卧于小室内，蜷缩成团，食欲减退，严重的拒食，精神沉郁，体温高至 39.5～41℃，弛张热，呼吸困难，呈腹式呼吸，每分钟呼吸达 60～80 次，食欲废绝，死亡率极高。有时无临床症状，突然死亡。死前尖叫、抽搐、四腿划动，有明显的神经症状。发病动物在发情季节不发情，妊娠母兽发生流产。发病时，有时急性死亡很多，几天内全群死亡过半，也有的病例出现零星发病、死亡，发病不规律。

（3）狐　参见水貂。

2. 链球菌病（β 溶血性链球菌病）

（1）狐、貉　拒食，精神沉郁，不愿活动，步态蹒跚，呼吸急促而浅表。一般在出现症状后 24 小时内死亡。如果出现暴发流行，可见一些病例出现流鼻涕、结膜炎、麻痹、痉挛、尿失禁、共济失调等症状。治疗不及时死亡率很高。

（2）水貂　急性病例不见任何症状突然死亡。亚急性的病貂表现拒食，不愿行走或行走摇摆。体温在40℃左右，颤抖，呼吸急速而浅表，有的眼内有脓性分泌物，继而麻痹，共济失调，尿失禁，多数在出现症状后12小时内死亡。

【病理变化】

1. 肺炎链球菌病（α 溶血性链球菌病）

（1）狐、貉　急性经过的尸体营养状态良好，口角有分泌物，肺充血、片状出血，尤以尖叶为最明显，肺小叶之间有散在的肉变区（炎症区），切面暗红色有血液流出，支气管内有泡沫样黏液，心扩张，心室内有多量血液，器官黏膜有泡沫样黏液。脾脏有出血性梗死。

（2）水貂　以各脏器广泛性出血为特征。鼻、气管黏膜有黏性分泌物，并有出血。胸腔及心包内有淡黄色积液，有的含有纤维蛋白渗出物。肺脏弥漫性出血，有大的出血斑，水肿，有的可见化脓灶。脾脏肿大2～3倍，有出血斑。肝脏肿胀、出血，呈黑红色，边缘有锯齿状缺口。胃黏膜弥漫性出血。肠黏膜呈红色弥漫性出血，有煤焦油状内容物。肾脏变软，表面出血。

2. 链球菌病　急性、亚急性病例营养状况良好，死后脾脏肿大，切面外翻，呈紫红色，表面粗糙，间有小出血点、片状出血斑和出血性梗死。肝脏充血、肿大，呈红色或淡黄色，有粟粒大散在的坏死灶，质地变软。肾脏肿大，有出血点和淤血斑，并有小化脓性坏死灶。肺呈卡他性炎症。肠淋巴结肿大，有小出血点。脑膜充血和出血，脑血管充血，灰质出血。仔貂膀胱有时呈出血性化脓性炎症。流产母貂子宫黏膜有出血性炎症。慢性病例关节内有化脓性渗出物。在肺、肝、其他器官出现榛子大的转移性脓肿。

【诊　断】　根据临床症状与病理变化可作出初步诊断，如需分型须送实验室进行分离培养鉴定。

脑膜脑炎型症状易与伪狂犬病混淆，可根据病原分离鉴定来区分。

【防控措施】　注意天气变化，防止应激，在动物产仔前要消毒小室，并垫以清洁干燥的垫草。天气骤变时要注意保温，增加垫草，防止感冒。在不良的天气应减少对仔兽的检查。注意饲料的卫生，对污染或可疑饲料应煮熟后饲喂。来源不清楚的或污染的垫草不用。硬刺的垫草最好不用，以免造成伤口。可应用制备自家链球菌多价灭活疫苗，肌内注射，1毫升/只，间隔10～14天再注射1次，至出栏。

病兽应隔离治疗。氟本尼考注射，20毫克/千克体重，2天1次，连用2次。头孢噻呋钠，5毫克/千克体重注射，1次/天，连用4天。磺胺间甲氧嘧啶，30毫克/千克体重，肌内注射，1次/天，连用3次，首次用量加倍。青霉素20万单位/千克体重，肌内注射，2次/天，连用3～5天。发病群预防性治疗：①青霉素，肌内注射，20万单位/千克体重，1次/天，连用3～5天；同时饲料中加入恩诺沙星包被剂，5毫克/千克体重，2次/天。②氟本尼考，口服，20毫克/只，1次/天，连用4～5天，同时配合多西环素，10毫克/千克体重，混饲，1次/天，连用4～5天。③磺胺间甲氧嘧啶，30毫克/千克体重，肌内注射，1次/天，连用3次，首次用量加倍；同时在饲料中加入恩诺沙星或氧氟沙星（包被剂），5毫克/千克体重，2次/天。

一般来说，肌内注射的治疗速度较快，在大群发病较急的情况下，采用方案①、③，能取得较好的效果。犬科动物对苦味敏感，因此，口服给药时要尽量选用苦味小的药物或加入甜味剂及香味剂，对其诱食。

六、大肠杆菌病

大肠杆菌病是由大肠杆菌引起的一种传染病，是由一定血清型的致病性大肠杆菌及其毒素引起的一种肠道传染病。主要侵害幼龄毛皮动物，常呈现败血症，伴有下痢、血痢，并侵害呼吸器官或中枢系统。成年母兽患本病常引起流产和死胎。

【病　原】　大肠埃希氏杆菌是中等大小杆菌，其大小为 1～3 微米×0.5～0.7 微米，有鞭毛，无芽胞，有的菌株可形成荚膜，革兰氏染色阴性。大肠杆菌对热的抵抗力较强，55℃60 分钟或 60℃15 分钟一般不能杀死所有菌体，但 60℃30 分钟能将其全部杀死。在潮湿温暖的环境里能存活 1 个月，在寒冷干燥的环境中存活时间更长，自然界水中的细菌可存活数周至数月。本菌对一般消毒剂敏感，对抗生素及磺胺类药物等极易产生耐药性。

【流行病学】　饲喂患大肠杆菌病畜禽的肉和内脏或被大肠杆菌污染的肉类、奶类饲料和饮水，是本病发生的主要原因。患病动物的粪尿常含有大肠杆菌，容易感染同窝其他个体。天气骤变，阴雨连连，圈舍潮湿，饲养管理不良，饲料质量低劣引起消化不良时易发生该病，如不及时治疗会造成大批死亡。

主要经消化道、呼吸道感染，交配或污染的输精管等也可经生殖道造成传染。老鼠粪便常含有致病性大肠杆菌，可污染饲料、饮水而造成传播。

本病多发于春至秋初，主要发生于密集化养殖场，幼龄动物多发，特别是断奶前后的动物；成年动物亦能发生，在配种前会出现一定数量的发病母兽。污秽、拥挤、潮湿、通风不良的环境，过冷过热或温差过大，有毒有害气体（氨气或硫化氢等）长期存在，营养不良（特别是维生素的缺乏）以及病原微生物（如支原体及病毒）感染所造成的应激等均可促进本病的发生。

【临床症状】　自然感染病例潜伏期变化很大，其长短取决于动物的抵抗力、大肠杆菌的数量和毒力，以及饲养管理条件。北极狐和银黑狐的潜伏期一般为 2～10 天。

新生动物患病早期常表现不安，被毛蓬乱，常被粪便污染，肛门部被毛污染尤为严重。当轻微按摩腹部时，常从肛门排出黏稠度不均匀的液状粪便，其颜色为黄绿色、绿色、褐色或淡黄白色。在许多病例的粪便中发现有未消化的凝乳块，间或混有血液，还发现有气泡和黏液。在出现本病症状后1～2天，动物精神萎靡，生长发育明显缓慢。常在小室内不出来活动，而母兽常把患兽叼出，放在笼网上。当下痢停止时，常表现有神经症状。年龄较大的动物症状发展较为缓慢，食欲减退，逐渐消瘦，活动减少，持续性腹泻，粪便颜色为黄色、灰白色或暗灰色，常伴有黏液状粪块，严重病例排便失禁。病兽虚弱，眼窝下陷，背拱，步态摇晃。被毛蓬乱而无光泽。脑炎型病例，如仔狐常表现沉郁或兴奋，食欲尚存，但寻找食物的能力下降。病兽额部被毛蓬松，头盖骨异常突出，容积增大，后期出现共济失调，反应迟钝，四肢不全麻痹，有的呈持续性痉挛或昏迷状态。妊娠母兽患病时，常发生大批流产和死胎，精神沉郁或不安，食欲减退。脑炎型病例常为慢性型，如不加有效治疗，死亡率可达20%～90%。

貉：食欲减退、逐渐消瘦、运动减少、持续性腹泻，粪便颜色为黄色、灰白色或暗灰色，常伴有块状黏液，妊娠母貉流产或死胎。

水貂：因动物体的抵抗力及大肠杆菌的毒力、血清型的不同，疾病潜伏期变动范围较大，一般1～10天。起初病貂食欲下降，继而拒食，被毛粗乱而无光泽。而后出现下痢，排出黄色液体，然后加重，排灰白色或暗灰色或褐色粥样、有泡沫及黏液的粪便，有的粪便被覆着黏液，随着病情发展，有的排出混有血液或煤焦油状的粪便，气味恶臭，有的频频做排粪动作，呈里急后重，肛门四周、尾部、后肢被粪便污染，其间有的伴有明显呕吐症状，吐出带有棕色或白色泡沫样液体。患病后期有的拖地爬行，后肢和头颈麻痹或不全麻痹，头颈下垂，精神高度沉郁，体温升至40℃，卧于小室内，反应迟钝，口流白沫或血沫，最后昏迷抽搐死亡。一般在2～3天后死亡，慢性病例4～6天死亡。妊娠母兽感染本病后，发生大批流产和死胎。

狐：病狐无眼眵，鼻液正常，鼻镜稍干，精神沉郁，食欲减少或废绝，眼球深陷，脱水明显，腹部膨胀，被毛粗乱无光泽，肛门周围被稀便污染，呆立；有的病狐虚弱不能站立，颤抖，体温升高，但四肢发凉。腹泻，病初有的排黄绿色稀便，后期有的排水样便，有的粪中带有血液或脱落的肠黏膜，气味腥臭，灰色或灰褐色，带黏液，有的排出粪便如煤焦油状，全身脱水，皮肤弹性下降，眼眶下陷，迅速消瘦，很快死亡。

【病理变化】 尸体消瘦，心包常有积液，心内膜下有点状或带状出血，心肌呈淡红色。肺脏颜色不一致，常有暗红色水肿区，切面流出淡红色泡沫样液体。肝脏呈土黄色，出血，个别病例淤血肿大，有的有出血点。脾脏、肾脏亦肿大、出血。胃肠道主要为卡他性或出血性炎症病变，肠管内常有黏稠的黄绿色或灰白色液体，肠壁菲薄，黏膜脱落，布满出血点，肠系膜淋巴结肿大，充血或出血，切面多汁。当患病动物有神经症状时，脑充血或出血，脑室常聚集化脓性渗出物或淡红色液体。许多病例在软脑膜内有灰白色病灶，脑实质变软，切面上有许多软化灶。这种脑水肿与化脓性脑膜炎变化常见于北极狐和银黑狐的仔兽。

1. **貉** 在胸膜、心肌、心内膜上有大小不一的出血点。肺脏呈暗红色，有大小不等点状或弥散性出血。肺门淋巴结肿大。肝脾肿大。胃黏膜有点状或带状出血，有时出现溃疡。小肠黏膜有卡他性和出血性炎症，在肠腔内常有血液和黏液。

2. **水貂** 急性、亚急性病貂剖检可见脾淤血性肿大；胃黏膜充血肿胀，肠黏膜充血、肿胀，有小出血点，呈现卡他性肠炎变化；淋巴结肿大、有时可见小出血点；心内外膜有出血点。慢性经过的病貂严重衰弱、贫血；在肠道内有大量暗灰色或黄灰色黏液，有单个或多个出血点；肠系膜淋巴结显著肿大，切面充血和出血；肝脏稍肿大，灰黄色；脾脏肿大2～3倍，有点状淤血；心肌呈煮肉样；胃黏膜有出血点或出血斑，胃肠内充满棕色黏液；腹水增多，肠道鼓气明显；全身淋巴结肿大，尤以肠系膜淋巴结为重，外观黑紫色，切面多汁；肝脏肿大、质脆，表面有点状出血；心肌呈淡红色，心内膜点状或带状出血；肺脏表面大量出血；膀胱积尿。

3. **狐** 胸腔器官肉眼病变不明显，个别见肺脏出血。腹腔内有大量橘黄色积液，有恶臭味。肝肿大，表面有白色渗出物。胃内容物呈煤焦油状，胃底黏膜充血、出血。十二指肠、空肠、回肠、结肠、盲肠内均有不同程度的出血、充血和炎性病变，内容物为煤焦油状。肾脏、脾脏病变不明显。

【诊　断】　根据发病情况、临床症状、病理变化可作出初步诊断。确诊需进行实验室诊断。

【鉴别诊断】

1. **犬瘟热**　犬瘟热很快出现浆液性化脓性结膜炎和鼻炎，发生恶臭，下痢时混有血液，有神经症状及呼吸道症状，如阵挛性和强直性抽搐，不全麻痹和麻痹，特别是皮肤型犬瘟热出现脚掌皮肤肿胀，狐、貉皮肤出现斑疹，水貂出现皮肤坏死。病程较长，大部分超过 7 天，部分 1 个月左右，逐渐衰竭死亡。

2. **沙门氏菌病**　主要表现胃肠机能紊乱，体温 40～41℃，精神沉郁，有黏液性化脓性鼻液，咳嗽，腹泻，排水样便，并混有黏液和血液，吸乳无力，喜卧，衰弱死亡，剖检常见脾脏极度肿大。北极狐、黑狐、貉的皮肤和黏膜有显著黄染。

3. **水貂细小病毒性肠炎**　排混有血液、黏液（多呈乳白色、少数鲜红色，或红褐色乃至黄绿色）的水样稀便，有的出现管型（黏液管）便。肠内混有血液和纤维素性物质。细小病毒胶体金试纸条检测为阳性反应。

【防控措施】　禁止用患病畜禽肉及其内脏作为饲料饲喂。动物性饲料最好煮熟饲喂，特别是夏季，发现有异味的、存放时间较长的一定要弃去不用，吃剩的饲料要及时清理避免变质。在饲料储藏、运输和加工过程要注意卫生，以防污染。加强哺乳期和断奶后仔兽的饲养管理和卫生工作。

可用本场分离的大肠杆菌制备疫苗，进行预防注射，在健康母兽配种前 30 天内，注射大肠杆菌灭活苗，间隔 7～10 天加强免疫 1 次。在各期皮毛兽饲料中长期添加维生素，对环境、兽舍喷雾消毒。在天气突变时要做到提前预防，添加抗应激药物，如多种维生素、微量元素及葡萄糖等。

病兽治疗前最好做药敏试验，以选择敏感药物进行治疗。对病情减轻的可用头孢噻呋 5 毫克 / 千克体重肌内注射，1 次 / 天，连用 4 天；同时口服诺氟沙星，10 毫克 / 千克体重，并补充口服补液盐，2 次 / 天，连用 4 天。氟苯尼考 20 毫克 / 千克体重，肌内注射，1 次 / 天，连用 3 天；同时口服庆大霉位 2 万单位 / 千克体重，并补充口服补液盐，2 次 / 天，连用 4～5 天。

假定健康兽的预防性治疗：阿莫西林，40 毫克 / 千克体重，混饲，2 次 / 天，连用 4～5 天；庆大霉素，15 毫克 / 千克体重，混饲，2 次 / 天，连用 4～5 天。氟苯尼考，20 毫克 / 千克体重，肌内注射或混饲，1 次 / 天，连用 3～4 天；同时用卡那霉素或硫酸新霉素混饮，1 克对水 3 千克，自由饮用，连用 3～5 天。氧氟沙星，5 毫克 / 千克体重，混饲，2 次 / 天，连用 4～5 天；同时用黏杆菌素 2 万单位对水 0.3 升，自由饮用，连用 4～5 天。多西环素，10 毫克 / 千克体重，拌料，1 次 / 天，连用 4～5 天；同时用黏杆菌素 2 万单位 +TMP 25 毫克，对水 0.3 升，自由饮用，连用 4～5 天。头孢噻呋，5 毫克 / 千克体重肌内注射 1 次 / 天，连用 3 天；同时用硫酸新霉素混饮，1 克对水 3 千克，自由饮用，连用 3～5 天。

七、沙门氏菌病

本病由肠炎沙门氏菌、猪霍乱沙门氏菌、鼠伤寒沙门氏菌等引起。呈地方流行性。以发热，下痢，消瘦，肝、脾肿大为特征。

【病　原】 沙门氏菌是革兰氏阴性、两端钝圆的短杆菌（比大肠杆菌细），大小 0.7～1.5 微米 × 2～5 微米，散在，无荚膜和芽胞。该菌不耐热，55℃ 1 小时、60℃ 15～30 分钟即被杀死。在普通水中虽不易繁殖，但可生存 2～3 周。在粪便中可存活 1～2 个月。在牛乳和肉类食品中可存活数月，在食盐含量为 10%～15% 的腌肉中亦可存活 2～3 个月。冷冻对于沙门氏菌无杀灭作用，即使在 -25℃ 低温环境中仍可存活 10 个月左右。对化学消毒药抵抗力不强，常规消毒药都能杀死该菌。沙门氏菌对大多数抗菌药物敏感，如氨基糖苷类、硝基呋喃类、喹诺酮类、磺胺类、多西环素、第三代以后的头孢类等都有一定的敏感性，但对青霉素不敏感。

【流行病学】　饲喂被沙门氏菌污染的肉类饲料是主要感染途径，尤其是患有隐性沙门氏菌病的家禽肉类饲料（家禽骨架、内脏）最危险。当毛皮动物机体抵抗力下降时，容易暴发本病。短时间内波及全群动物，死亡率较高，常成窝成群发病。狐、貉主要是经饮水与饲料传播。

本菌通过消化道和呼吸道传播；隐性感染者自然交配或用其精液进行人工授精，也是该病水平传播的重要途径；还可通过子宫感染垂直传播给子代。此外，在机体抵抗力降低时，潜藏于隐性感染者消化道、淋巴结、胆囊内的病菌也可激活而使动物发生内源性感染。禽类及鱼类等动物源性饲料污染经消化道传染较常见。狐、貉的沙门氏菌主要是饮水与饲料传染的。鼠类也在本病传播中起到一定作用。

本病主要侵害1～3月龄的幼崽。成年动物具有一定的抵抗力，但如饲喂沙门氏菌污染的饲料，可引发严重疾病，导致妊娠动物发生流产。

具有明显的季节性，一般发生在6～9月份，常呈地方性流行。本病一年四季均可发生，大多于夏季秋初发病。卫生条件差、密度大、天气恶劣、仔兽换牙及断奶期、饲料质量差或变质、长途运输或并发其他疾病，都可引发和加剧病情。

【临床症状】　本病的潜伏期为3～20天，平均14天。

1. 貉　病貉初期表现精神沉郁，食欲减退乃至废绝，体温升高至39.7～41℃，呕吐，前期腹泻，粪便呈白色或黄色，有的排出带有黏膜的黑色稀便，有恶臭味，后期严重脱水，有的甚至出现休克或抽搐等神经症状，体温降低、全身虚脱；病程长者，一般可达8～12天，最后逐渐消瘦而死亡。

2. 水貂　根据机体抵抗力和病原的毒力，本病在临床上的表现是多种多样的，大致可区分为急性、亚急性和慢性3种。急性经过病貂表现拒食，先兴奋，后沉郁，体温升高至41～42℃，轻微波动于整个病期，只有在死前不久才下降。大多数病貂躺卧于小室内，走动时背弓起、流泪、沿笼子缓慢移动，下痢，呕吐，在昏迷状态下死亡。一般经5～10小时或延至2～3天死亡。亚急性经过时，主要表现胃肠机能高度紊乱，体温升高至40～41℃。精神沉郁，呼吸频数，食欲丧失，被毛蓬乱无光、眼睛下陷无神。有时出现化脓性结膜炎。少数病例有黏液性化脓性鼻漏或咳嗽。病貂很快消瘦，下痢，个别有呕吐。粪便变为液体状或水样，混有大量胶体状黏液，个别混有血液。四肢软弱无力，特别是后肢不全麻痹。在高度衰竭情况下，7～14天死亡。慢性经过的病貂表现消化机能紊乱，食欲减退，下痢、粪便混有黏液，进行性消瘦，贫血，眼球塌陷，有的出现化脓性结膜炎，被毛蓬乱、黏结、无光泽。病貂卧于小室内，很少运动。走动时步履不稳，行动缓慢，在高度衰竭的情况下，经3～4周死亡。在配种和妊娠期流行本病时，造成大批空怀和流产，多数病貂在妊娠中后期发生流产，空怀率达14%～20%。哺乳期仔貂患病时，表现虚弱，不活动，吮乳无力，无集群能力，在窝内呈散乱状态，叫声嘶哑无力，发育滞后，仔貂10日龄以内死亡率高达20%～22%，病程为2～3天，个别的病程长达7天，多数以死亡告终。

3. 狐　自然感染的潜伏期为8～20天，平均14天；人工感染的潜伏期为2～5天。

急性经过的病狐突然发病，体温高达41～42℃，精神沉郁，食欲废绝。不久表现毒血症症状，下痢，粪便呈水样，恶臭，带血或含纤维素絮片。下痢开始后体温降至正常或稍高，脱水、消瘦。妊娠母兽发生流产，产死羔或弱羔，出生时外表正常的仔兽，往往在头2～3周出现下痢或死于败血症。仔兽出生后不久便开始发病，迅速出现衰竭等症状，病初体温升高（41～42℃），排灰黄色液状粪便并混有黏液和血丝。病程长的腕关节和跗关节可能肿大。有的伴有支气管炎和肺炎等症状。

亚急性经过的病狐，主要表现胃肠机能高度紊乱，体温升高至40～41℃，精神沉郁，呼吸浅表频数，食欲丧失，被毛蓬乱无光，眼窝下陷无神，有时出现化脓性结膜炎。少数病例有黏液鼻漏或咳嗽。病狐很快消瘦，下痢，个别的有呕吐。粪便变为液状或水样，混有大量胶状黏液，个别混有血液，四肢软弱无力，特别是后肢常呈海豹式拖地，起立时后肢不支，时停时蹲，似睡状。后期出现后肢不全麻痹。在高度衰竭的情况下，7～14天死亡。常出现黏膜和皮肤黄疸，特别是猪霍乱沙门氏菌引起的本病更为明显。

慢性经过的病狐，消化机能紊乱，食欲减退，下痢，粪便混有黏液，逐渐消瘦，贫血，眼睛塌陷，有时出现化脓性结膜炎。病狐多卧于小室内，很少运动，走动时步履不稳，行动缓慢。在高度衰竭的情况下，经3～4周死亡。

【病理变化】　银黑狐、北极狐及貉黏膜呈明显黄疸，尤其在皮下组织、骨骼肌、浆膜和胸腔较常见，貂类和麝鼠黄疸轻微。胃空虚或含有少量混有黏膜的液体，黏膜肿胀、变厚，有时充血，少数病例有点状出血。肝脏肿大，土黄色。胆囊肿大，充满浓稠胆汁。脾脏肿大，可达6～8倍，个别病例超过12～15倍，呈暗红色或灰红黄色。肠系膜及肝脏淋巴结肿大为正常的2～3倍，呈灰色或灰红色。肾脏稍肿大，呈暗红色或灰红黄色。心包下有密集的点状出血。膀胱黏膜有散在点状出血，心肌变性，呈煮肉状。脑实质水肿，侧室内积液。

1. 貉　病死貉尸僵不全，尸体消瘦，脱水，眼窝塌陷，可视黏膜苍白。胃肠黏膜水肿、淤血或出血，十二指肠上段发生溃疡。肝脏肿大，呈土黄色，有散在坏死灶。脾、肾肿大，表面有出血点（斑）。肺水肿，有出血性炎症。小肠后段和盲肠、结肠有轻微炎症，肠内容物稀薄，重者混有黑色血液，肠黏膜出血、坏死，大面积脱落，肠系膜及周围淋巴结肿胀、出血，切面多汁。后期严重者表现伴有浆液性或纤维蛋白性渗出物的心外膜炎和心肌炎。

2. 水貂　尸体营养状态取决于病期。死亡貂血凝不良，实质器官颜色变淡，膀胱积尿，黏膜、皮下脂肪或肌肉、浆膜见轻微的黄疸。肝脏肿大，呈暗红色或土黄色，质脆，切面多汁、外翻。脾、肾肿大、黄染、质脆，切面多汁，特别是脾脏显著肿大为正常的 3～8 倍。胃肠空虚，胃、小肠黏膜均有不同程度的肿胀、出血或坏死。

3. 狐　病狐均出现黏膜黄疸，而且在皮下组织、骨骼肌、腹膜和胸腔器官也常见黄疸。回肠和大肠黏膜稍肿，肠壁增厚并形成皱褶，黏膜发红呈颗粒状，表面覆盖灰黄色坏死物。肝脏肿大，呈土黄色，切面黏稠外翻，小叶纹理展平。胆囊肿大，充满黏稠胆汁。脾脏明显肿大，体积约为正常 6～10 倍，呈暗褐色或暗红色，切面多汁。肝门及肠系膜淋巴结肿大，触摸柔软，呈灰色或灰红色，切面多汁。肾脏肿大呈暗红色，在包膜下有点状出血，膀胱空虚，黏膜上有散在出血点。流产胎儿和胎盘一般比较新鲜，胎儿皮下水肿，胸腹腔有大量积液。内脏浆膜上有纤维素性渗出。心外膜和肺脏出血。胎盘无明显肉眼病变。

【诊　断】　根据临床症状、病理变化可作出初步诊断。确诊可将分离菌与沙门氏菌 AFO 多价血清做平板凝集试验。

【鉴别诊断】

1. **犬瘟热**　犬瘟热很快出现浆液性化脓性结膜炎和鼻炎，发生恶臭，下痢时混有血液，有神经症状及呼吸道症状，如阵挛性和强直性抽搐，不全麻痹和麻痹，特别是皮肤型犬瘟热出现脚掌皮肤肿胀，狐、貉皮肤出现斑疹，水貂出现皮肤坏死。病程较长，大部分超过 7 天，部分 1 个月左右，逐渐衰竭死亡。

2. **大肠杆菌病**　持续性腹泻，粪便颜色为黄色、灰白色或暗灰色，常伴有黏液状粪块。无黄疸；而沙门氏菌病有黏液性化脓性鼻液，咳嗽，腹泻，排出水样便，并混有黏液和血液，狐、貉有黄疸，发病多与饲料、饮水有关。

3. **钩端螺旋体病**　也有体温升高，但仅在病初黄疸出现后。大多时间体温下降到正常以下（35～36℃）。本病显著特点为黄疸，无论在急性或亚急性病例，80%～90% 出现黄疸。主要发生于

4～6月龄体况良好或中等的仔兽。

4.脑脊髓炎　表现神经紊乱。有些病例表现为癫痫性发生，波及所有兽；有些病例表现嗜睡，步态摇晃，短时间或长时间不停做圆圈运动。

5.巴氏杆菌病　所有年龄的兽都可患病。很少发生黄疸，即使有也不显著，主要是肺部病变。组织涂片镜检、美蓝染色，可见两极浓染的小杆菌。

【防控措施】　以消灭病原，阻断传播途径，增强机体抵抗力为主。首先要加强饲养管理，搞好卫生，消灭苍蝇和鼠类，防止其他动物进入兽场，幼兽培育期必须喂给质量好的鱼、肉饲料，日粮营养全面平衡，包括各种维生素及微量元素，不可频繁换料，饲料最好煮熟后饲喂。定期在饲料中添加抗生素类药物（如新霉素、多西环素、环丙沙星、黏杆菌素等）。一旦发现疑似症状，第一时间更换新鲜饲料，防止疾病扩散。

治疗可以参照大肠杆菌病的治疗措施。

八、魏氏梭菌病

魏氏梭菌又称产气荚膜梭菌，可引起狐、水貂、貉的魏氏梭菌病，它是一种分布极广的条件性致病菌，存在于土壤、饲料、粪便及人畜肠道中，当机体抵抗力下降时，即可引发严重疾病，以肠毒血症为主要特征。

【病　原】　革兰氏阳性的粗短杆菌，呈单个或成对存在，菌落圆整；部分菌有芽胞，位于菌体的中央或一端。魏氏梭菌是一种分布极广的条件性致病菌，生存于土壤、饲料、粪便及畜禽肠道中。当机体抵抗力下降时，即可引发严重疾病。魏氏梭菌一般可分为A、B、C、D、E、F 6个型，引起狐、水貂、貉的魏氏梭菌主要为A型。此菌繁殖体对不良环境和消毒剂敏感，芽胞对干燥、热、消毒剂具有很强的抵抗力。

【流行病学】　该病常常散发流行，在饲养管理较好的养殖场较少发病。流行初期，个别散发，出现死亡，病原体随粪便排出体外，毒力不断增强，1～2个月内或更短时间内可大批发病，卫生条件差的养殖场发病严重，特别是双层笼饲养或一笼多兽主要经消化道感染。病原菌随粪便排出体外，污染周围环境。幼龄狐、水貂、貉易感，成年动物偶有发病。春秋季节多发。动物性饲料保存不当、腐败变质，卫生条件不好，气候剧变易诱发本病。

【临床症状】 潜伏期为12～24小时，流行初期一般无任何临床症状而突然死亡，患病动物食欲减退或拒食，很少活动，久卧于小室内，步态蹒跚，呕吐，粪便多数为绿色液体、呈血便，常发生肢体麻痹或不全麻痹，头震颤呈昏迷状态，死亡率高，常常在90%以上。

【病理变化】 甲状腺增大，带有点状出血。肝脏肿大，呈黄褐色或黄色。胃黏膜出血、肿胀，幽门部有小溃疡。肠系膜淋巴结增大，切面多汁，有出血点。小肠及大肠黏膜充血、出血，偶见点状和带状出血，肠内容物呈褐色，混有黏液和血液。肠道内充满气体或充血，似血肠样。北极狐在皮下组织内、胃黏膜及小肠黏膜上有斑块状和带状出血，肝肿大呈褐色，有斑点。

【诊　断】 根据流行病学、临床症状、病理变化可作出初步诊断，确诊需进行实验室诊断。此菌在牛乳培养基中大量产气，可以形成"爆烈发酵"现象。

【防控措施】 注意饲料卫生，特别是动物性饲料煮熟后不可堆放，要均匀摊开，蔬菜类要洗净后再饲喂。做好环境卫生消毒，笼舍定期用2%～3%氢氧化钠溶液消毒，粪便和其他污物堆放指定地点进行生物发酵消毒，地面常用15%新鲜漂白粉溶液喷洒消毒，笼具可用喷灯火焰消毒。

病兽一般死亡很快，难以治疗，如病程稍长，可采取以下措施：大剂量应用青霉素肌内注射，每天2次，连用4天；同时口服甲硝唑20毫克/千克体重，每天2次，连用4天；口服木炭粉，水貂5克，狐、貉15克，一次即可。

对于假定健康兽群以下措施任选其一：

（1）全群口服甲硝唑 20 毫克/千克体重，每天 2 次，连用 4 天；同时应用磺胺间甲氧嘧啶，口服，30 毫克/千克体重，2 次/天，连用 4 天；饲料中加入 1% 木炭粉。

（2）全群口服甲硝唑 20 毫克/千克体重，每天 2 次，连用 4 天；同时应用氟苯尼考，口服，20 毫克/千克体重，1 次/天，连用 4 天；饲料中加入 1% 木炭粉。

（3）全群口服甲硝唑 20 毫克/千克体重，每天 2 次，连用 4 天；同时应用阿莫西林，口服，50 毫克/千克体重，2 次/天，连用 4 天；饲料中加入 1% 木炭粉。

九、出血性肺炎

狐、水貂、貉的出血性肺炎又称假单胞菌病或绿脓杆菌病，是由绿脓杆菌引起的一种急性败血性传染病。以出血性肺炎，急性死亡为特征，是严重威胁毛皮动物养殖业的重要疾病之一。

【病　原】　绿脓杆菌即铜绿假单胞菌，革兰氏染色阴性，常单个、成双或以短链状存在，在普通培养基上生长良好，形成光滑、微隆起、边缘整齐波状的中等大小菌落，能分泌两种色素：绿脓菌素和荧光素。该菌对外界环境抵抗力较强，对紫外线的抵抗力较强；在干燥的条件下能存活 9 天；用 0.5% 新洁尔灭、1%～2% 来苏儿、0.2% 福尔马林、0.5% 苯酚、2%～4% 氢氧化钠等都能很快将其杀死。该菌有广泛的酶系统，对多种抗生素不敏感，易产生耐药性。

【流行病学】　此病具有地方流行性，在一些饲养管理较好的养殖场发病较少。受到应激时，体质降低，多发内源性感染或因食入污染的肉类饲料而发病。病貂、狐、貉及其排泄的粪便、尿液、分泌物、污染的饲料、饮水及环境，可经消化道、呼吸道而感染健康动物。水貂、狐、貉均对该菌易感，且幼龄动物较成年易感，水貂对本病有极高的易感性，断奶后的育成貂易感性要比老龄貂高得多。

本病水貂多发于秋季，埋植褪黑激素的貂多发生于 7～8 月份生长期；未埋植激素的水貂，在阴冷潮湿的 9～11 月份换毛期也时有发生，幼貂最为易感，发病率达 90%，死亡率也高。狐、貉多发于 9～11 月份换毛期或狐人工授精的 3～4 月份。

假单胞菌是狐、貉体内的常在菌，平时无致病作用，遇到寒冷潮湿、高温高湿，动物机体抵抗力减弱或人工授精污染易引起发病。在饥饿、饲料蒸煮不完全、抵抗力下降等因素诱发下可引起暴发流行。

【临床症状】

1. **水貂**　自然潜伏期为 1～2 天，长的 4～5 天。按病程可分为急性型与最急性型。大部分感染貂为未见明显症状即死亡，仔细观察仅见昏睡、厌食、呼吸短促而困难、惊厥和口鼻流出血水。病程稍缓的病貂体温升高，食欲废绝，呼吸困难，腹式呼吸，惊厥，有异常叫声，有的口吐白沫、鼻流血水，一般发病后 1～3 天死亡，病程短的仅几个小时，病死率几乎 100%。

2. **狐**　自然感染潜伏期为 19～48 小时，长者达到 2～5 天。超急性型病程几小时，急性型病程 1～2 天。病狐食欲下降或废绝，精神沉郁，不愿活动，常蜷缩蹲卧于小室内。病狐常从阴道内流出黄绿色或黄红色黏稠分泌物，并具有腥臭味。母狐常发生胎儿吸收、流产、死胎和烂胎。

【病理变化】

1. **水貂**　主要表现为肺脏出血、充血、实变、水肿，有的有暗红色出血斑，切面渗出大量血样液体，呈现肝样病变，病变肺置于水中下沉，病变较轻部位常见灰色小结节。胸腔积血样液体，肺门淋巴结肿大。脾脏肿大 2 倍，呈红紫色。胸腺布满大小不等的出血点或斑，呈暗红色。心肌松弛，冠状沟有出血点；肝苍白，干燥。肾脏皮质有出血点或出血斑。膀胱多弥漫性出血。胃和小肠前段有血样液体。脾肿大。

2. **狐**　主要变化在子宫。子宫角粗大肿胀，充血和出血。两子宫角充满大量绿色或黄绿色黏稠带有异常臭味的液体。整个子宫黏膜充血、出血和黏膜脱落。输卵管粗大和充血。胚胎出血、充血，切开流出黑红色或黄绿色腥臭液体。肝脏充血，被膜下有少量出血点、微肿大。脾脏淤血。腹腔内有少量淡黄色腹水。

【诊　断】　根据死亡较快、鼻有血沫、肺脏严重出血等变化，可作出初步诊断，确诊需实验室诊断。

【防控措施】　平时加强饲养管理，搞好环境卫生，定期消毒，定期灭鼠，笼具上的毛用喷灯烧掉，场区内禁止养犬猫等。做好疫苗接种，绿脓杆菌的血清型较多，不同血清型之间交叉保护效果较差，因此，在实际生产中一般采用当地分离菌株制备自家苗，可以收到理想的免疫效果。

个别动物发病后应及时隔离治疗，有条件的建议进行药敏试验，选择敏感药物进行治疗。

发病动物群体预防性治疗措施如下：

水貂：①庆大霉素1万单位/只，肌内注射，1次/天，连用3～5天；同时饲料中加入黏杆菌素2000单位/千克体重＋双氟沙星5毫克/只，2次/天，连用4～5天。②黏杆菌素2000单位/只，肌内注射1次/天，连用3～5天；同时饲料中加入环丙沙星10毫克/千克体重，2次/天，连用4～5天。

狐：①病狐治疗。庆大霉素1万单位/千克体重肌内注射，1次/天，连用3次；有子宫化脓性炎症者，同时用黏杆菌素0.1%＋高锰酸钾0.5%，冲洗子宫，直到冲出的水清亮为止。②假定健康群。饲料中加入庆大霉素或黏杆菌素2万单位/只，2次/天，连用5天。肌内注射庆大霉素1万单位/千克体重，1次/天，连用3天；同时饲料中加入黏杆菌素2000单位/千克体重＋恩诺沙星5毫克/千克体重，2次/天，连用4天。

十、李氏杆菌病

李氏杆菌病是由单核白细胞增生性李氏杆菌引起的一种急性传染病，以幼狐多发。本病呈败血性经过，并伴有中枢神经系统病变。

【病　原】　单核白细胞增生性李氏杆菌为革兰氏阳性，平直或弯曲、两端钝圆的小杆菌，多数情况下单独存在，或呈"V"形排列，或丛集一处，形成 3～5 个短链，无芽胞或荚膜。大小 1～2 微米×0.2～0.4 微米。该菌具有较强的抵抗力，可在低温下生长，秋冬时期在土壤内能存活 5 个月以上，对高温抵抗力也较强，100℃经 15～30 分钟、70℃经 30 分钟死亡，在 2.5% 苯酚溶液 5 分钟、2.5% 氢氧化钠溶液 20 分钟、2.5% 福尔马林溶液 20 分钟死亡。对链霉素、四环素及磺胺药物敏感。

【流行病学】　本病感染范围很广，畜禽、啮齿类和野生经济动物等有不同程度的易感性，羊易感，是人兽共患的散发性传染病。毛皮兽中，兔最易感染，狐、貂、毛丝鼠、海狸鼠、犬、猫均有感染性。啮齿动物为自然宿主，散发，高致死，临床表现多样化。

本病主要通过患病和带菌动物如鼠、野禽、啮齿类动物感染，给动物饲喂患病的畜禽肉、下脚料及污染的其他饲料和饮水都可引起感染，是主要传播途径。也可通过眼结膜、呼吸道和创伤感染。吸血昆虫也可能起到传播媒介作用。幼狐多发。春夏季多发。维生素缺乏、寄生虫病和其他致机体抵抗力下降的不良因素，都是诱发疾病的条件。

【临床症状】　北极狐幼狐发病后，表现沉郁与兴奋交替出现，食欲减退或完全拒食。兴奋时，表现共济失调、后躯摇摆和不全麻痹，咀嚼肌、颈部及枕部肌肉震颤。颈部呈痉挛性收缩，颈部弯曲，有时向前伸展或向一侧或仰头。部分出现转圈运动，到处乱撞。当采食饲料时出现咀嚼肌、颈及枕部肌肉痉挛性收缩，从口中流出黏稠液体，常出现结膜炎、角膜炎、下痢和呕吐。粪便中有淡灰色黏液或血液。成年兽除有上述症状外，还有咳嗽、呼吸困难，腹式呼吸。仔兽病程 7～28 天。有的病兽表现全身衰竭，常隐居产箱内。有的出现脑炎症状。

妊娠水貂出现突然拒食，共济失调，多卧于产箱内，经过6～10 小时死亡。

【病理变化】　病死银狐剖检可见化脓性卡他性肺炎、急性卡他性胃肠炎，个别出现出血性胃肠炎；脾脏肿大，切面外翻；肾脏有特定的出血斑或出血点；膀胱黏膜有出血点。

病死北极狐剖检可见心肌呈淡灰色，心外膜有出血点，心包内有纤维素凝块和淡黄色心包液；甲状腺增大、出血，呈黑褐色；肺脏淤血，肝脏呈土黄色，淤血、出血；胃黏膜有卡他性炎症；膀胱黏膜有出血点；脑血管充盈，脑实质软化、水肿，硬脑膜下有出血点。

水貂心外膜下有出血点；肝脏脂肪变性，呈土黄色或暗黄红色，被膜下有出血点和出血斑；脾脏增大 3～5 倍，有出血点或出血斑，肠黏膜卡他性炎症；脑软化、水肿。

【诊　断】　根据流行病学、临床症状、病理变化可作出初步诊断，确诊需送实验室进行细菌学检验。

临床上注意与巴氏杆菌病、脑脊髓炎、犬瘟热相鉴别。

【防控措施】　加强饲养管理，对用作饲料的肉类副产品必须煮熟后再喂。经常开展灭鼠活动，防止野禽和啮齿类动物进入狐场，对污染的笼舍、地面彻底消毒。隔离发病兽，以下治疗方案任选其一：①磺胺间甲氧嘧啶，肌内注射，首次 50 毫克 / 千克体重，以后 30 毫克 / 千克体重，1 次 / 天，连用 5 天。②青霉素 10 万单位 / 千克体重＋链霉素 2 万单位 / 千克体重，肌内注射，2 次 / 天，连用 5 天。③长效土霉素注射液肌内注射，10 毫克 / 千克体重，1 次 / 天，连用 5 天。

假定健康兽群的防控，以下方案任选其一：①磺胺间甲氧嘧啶，口服，首次 60 毫克 / 千克体重，以后 30 毫克 / 千克体重，1 次 / 天，连用 5 天。同时口服适量小苏打。②土霉素 1 000 克＋新霉素 150 克拌料 1 000 千克，连用 5 天。③阿莫西林 50 毫克 / 千克体重＋庆大霉素 2 万单位 / 千克体重，口服，2 次 / 天，连用 5 天。④氟苯尼考 20～30 毫克 / 千克体重，48 小时 / 次，肌内注射，连用 3 次。配合多西环素拌料，10 毫克 / 千克体重，1 次 / 天，连用 5 天。⑤头孢噻呋钠：5～10 毫克 / 千克体重，肌内注射，1 次 / 天，连用 3 天；

恩诺沙星包被剂（水貂还可用环丙沙星、氧氟沙星等），5毫克/千克体重，2次/天，连用4～5天。

十一、克雷伯氏菌病

克雷伯氏菌属为革兰氏阴性杆菌。主要有肺炎克雷伯氏菌、臭鼻克雷伯氏菌和鼻硬结克雷伯氏菌，各种毛皮兽均可发。

【病　原】　本病的病原菌为肺炎克雷伯氏菌。革兰氏染色阴性，短杆菌，两端较钝，浓染，呈单个、成对和短链状排列，细菌排列特征为两菌相连，有明显肥厚的荚膜，大小0.5～0.8微米×1.0～2.0微米。克雷伯氏菌对外界抵抗力强，对多数抗生素易产生耐药性。

【流行病学】　受到应激时，如天气变化、饲料改变、强烈的光光照或声音，导致动物机体抵抗力下降，容易感染肺炎克雷伯氏菌引起发病，偶尔能引起败血症。

该病多因饲喂饲料（肉联厂的下脚料）感染，亦可通过患病动物的粪便和被污染的饮水传播。该病的传染方式尚不十分清楚。有人用从病貂分离出的克雷伯氏菌肉汤培养物喂给水貂，或涂抹在水貂口腔黏膜刺破面上，均为感染成功。可见，毛皮动物感染本病的条件是比较复杂的。幼龄水貂、狐多发。春季多发。

【临床症状】

1. 水　貂

（1）脓疱疖型　病貂周身出现小脓疡，特别是颈部、肩部出现许多小脓疱，破溃后流出黏稠的白色或淡蓝色的脓汁。大多数形成瘘管，局部淋巴结形成脓肿。

（2）蜂窝组织炎型　多在喉部出现蜂窝组织炎，并向颈下蔓延，可达肩部，化脓、肿大。

（3）麻痹型　病貂食欲不佳或废绝，后肢麻痹，步态不稳，多数病兽在出现症状后2～3天内死亡。如果局部出现脓疖，则病程更短。

（4）急性败血型　病貂突然发病，食欲急剧下降或完全废绝，精神沉郁，呼吸困难，在出现症状后很快死亡。

2. 狐　病狐精神沉郁，食欲减退，被毛逆乱，体温升高，结膜苍白，呼吸浅速，偶尔咳嗽，鼻腔有脓性分泌物，站立不稳。

【病理变化】

1. 水　貂

（1）脓疱型（疖型）　体表有脓疱、破溃处流出黏稠的灰黄白色或淡蓝色的脓汁，特别是颌下或颈部淋巴结易出现这种情况。内脏器官出现一般败血症的变化，充血、淤血和营养不良。

（2）蜂窝组织炎型　肝脏明显增大，质硬、脆弱，充血、淤血，切面有多量凝固不全、暗褐红色的血液流出，切面外翻，被膜紧张。胆囊壁增厚，有针尖大小黄白色病灶。脾肿大3～5倍，充血、淤血，呈暗紫黑色，被膜紧张，边缘钝，切面外翻。肾上腺肿大。肺有小脓肿。在颈部或躯体其他部位发生蜂窝组织炎时，局部肌肉呈灰褐色或暗红色。麻痹型的，伴有膀胱充满黄红色尿液，黏膜肿胀增厚。肾肿大。脾肿大。

（3）急性败血型　尸体营养状况良好。死前有明显呼吸困难的病貂，呈现化脓性或纤维素性肺炎和心内、外膜炎。脾、肝肿大。肾有出血点或充血性梗死。胸腺有出血斑。

2. 狐　主要表现上呼吸道黏膜充血水肿，肺出血、充血、气肿。慢性病例主要表现化脓性胸膜炎，胸腔内有炎性分泌物及脓胸、颈淋巴结、肾、肝有脓肿，肺呈"肉芽肿性"实变，肺膨胀不全，表面有灰白色小结节。

【诊　断】　根据临床症状、病理变化可作出初步诊断，确诊需分离到有致病性的病原菌。

【防控措施】　加强兽舍的环境卫生，用过氧乙酸进行环境和带兽消毒；加强饲料管理，防止饲料污染细菌，最好熟喂。

淘汰病情严重、无治疗意义的病兽。

对病情较轻的可用头孢噻呋肌内注射，5毫克/千克体重，1次/

天；同时用卡那霉素肌内注射，2万单位/千克体重，2次/天。也可用氟苯尼考，20毫克/千克体重，肌内注射，1次/天，连用4天；同时用庆大霉素，2万单位/千克体重，肌内注射，2次/天。

假定健康兽的预防性治疗：①头孢氨苄，40毫克/千克体重，混饲，3次/天，连用4～5天；同时用氧氟沙星，5毫克/千克体重，混饲，2次/天，连用4～5天。②氟苯尼考，20毫克/千克体重，混饲，1次/天，连用4天；同时用卡那霉素或硫酸新霉素混饮，1克对水5千克。③氧氟沙星，5毫克/千克体重，混饲，2次/天，连用4～5天；同时用庆大霉素，2万单位/千克体重，混饲，2次/天，连用4～5天。

十二、钩端螺旋体病

钩端螺旋体病是由有致病力的钩端螺旋体所致的一种自然疫源性急性传染病。钩端螺旋体病是全身性感染疾病。由于个体免疫水平上的差别以及菌株的不同，临床表现轻重不一。1966年我国水貂钩端螺旋体病首见于山东烟台，死亡率达70%～80%；狐钩端螺旋体病首见于山东临沂。

【病　原】　钩端螺旋体是一种纤细、中间有一根轴丝、具有螺旋结构的微生物，在微生物分类学上属于螺旋体科、细螺旋体属，长6～20微米，宽0.1微米，螺旋弯曲较规则且恒定，螺宽0.2～0.3微米，螺距为0.3～0.5微米，具有运动性，有时因受到动物体内特异抗体的影响，形态发生变化。钩端螺旋体在一般的水域、池塘、沼泽和淤泥中可生存数月或更长，生长的最适pH值7.0～7.6，对热极为敏感，56℃10分钟、60℃只需10秒即可杀死；在干燥的环境和直射日光下容易死亡。对酸碱特敏感，0.1%的各种酸类均可在数分钟杀死。常用的消毒药，如0.05%升汞、70%酒精、2%盐酸、0.5%苯酚等在5分钟内即可杀死。对低温有较强的抵抗力，-70℃下速冻的培养物，毒力可保持数年。

【流行病学】

1. 流行特点 不同地区常呈现不同的流行形式，毛皮动物主要呈以下 2 种形式：

（1）洪水型 是北方流行的基本形式，传染源主要是猪。多在夏秋季节洪水泛滥后，洪水冲刷带菌的猪粪尿污染水源，人及动物接触污染水而感染发病。

（2）雨水型 多发生于连日阴雨或降水量集中的低洼地区。南、北方都可发生，猪及犬是主要传染源。雨水将带菌的粪尿扩散而使人及动物感染。

2. 传播途径 病兽和带菌动物是本病的主要传染来源。本病的传播方式多种多样，经消化道感染是主要的感染途径。由于本病病原最终定位于肾脏，所以尿液在本病的蔓延扩散上有重要作用。如尿液接触破伤的皮肤和黏膜就可以感染，尿液污染了饲料和水源也能造成本病的传播。此外，配种时通过阴道也能感染。

3. 发病年龄 该病不分年龄和性别，但幼龄动物最易感，发病率和病死率也最高。幼貂达 80% 以上，一般是单一血清型感染，但也有同时感染几个型。

4. 高发季节 本病虽然一年四季都可发生，但以夏秋季节多发，7～11 月份多发。

5. 发病因素 地面积水是促成本病的流行条件。

【临床症状】 由各种血清型病原体引起的毛皮兽钩端螺旋体病，临床症状没有明显差别，主要为急性、超急性经过，慢性经过的较少，也有个别的非典型病例。

1. 超急性型 一般发生于本病流行初期。病兽突然拒食，呕吐，腹泻，精神沉郁，心跳频数，脉搏 105～130 次 / 分，呼吸 70～80 次 / 分，在发病最初几小时病兽体温升高到 40.5～41.5℃，口吐泡沫，直至死亡，很少康复。

2. 急性型 病兽突然拒食，呕吐，下痢，体温升高（40～40.5℃），病兽长久躺卧，消瘦，精神沉郁，行走缓慢，黄疸，在口腔黏膜、齿龈有坏死区和溃疡，有时舌也出现坏死和溃疡。常发生肛门括约肌松弛。从黄疸出现起，病兽体温下降至37.5～36.5℃或以下，排尿频繁，尿色黄红，仅有少数病例尿色暗红，有10%～20%病例黄疸不显著。濒死期伴发背、颈和四肢肌肉痉挛，流涎，口唇周围有泡沫样液体，常因窒息而死亡。病程持续2～3天，很少康复。

3. **亚急性型**　特征和急性型大致相同，只是发展较缓慢。此型黄疸和消瘦十分显著，淋巴结肿大，鼠蹊淋巴和颌下颈淋巴结肿大更明显。有时发生角膜炎和化脓性结膜炎，后肢虚弱或不全麻痹，长期躺卧，起立行走缓慢，时时停留，仿佛在沉睡中。病兽在濒死期发生尖叫，死亡率达80%～90%。

4. **慢性型**　多由急性型和亚急性型转变而来。在有较好食欲的情况下，出现进行性消瘦，虚弱，贫血，定期下痢，有时在几个月内出现2～3次短期发热。在体温升高后出现不明显的黄疸。慢性病例转归各有不同。一部分经2～3个月衰竭死亡，一部分可活到屠宰取皮期。

5. **非典型**　症状多种多样，而且不明显。定期腹泻，粪便淡污白色，有黄色阴影。可视黏膜贫血，食欲减退或短时拒食，体温正常（39～39.5℃）或正常以下（38～38.3℃），上述症状持续1～3天，有时8～10天，之后又重复2～3天，此型未见死亡病例。

【病理变化】　急性病例尸体营养良好。病程较长者尸体消瘦，尸僵显著，可视黏膜、皮下组织、脂肪组织常染成黄色，骨骼肌松弛，有斑点状出血，呈暗红色或苍白、黄色。胸膜、腹膜、网膜、肠系膜被染成不同程度的黄色。咽及喉头黏膜染成黄白色。有时可以看到扁桃体增大、充血。胃黏膜局限性充血、肿胀，有单个或数个连在一起的出血点或出血斑。显著变化见于肝脏，大多数病例肝脏体积增大。并且持续时间不同，肝脏呈黄褐色、土黄色或橘黄色，在肝包膜下有出血点或斑块状出血，并有灰黄色坏死灶。肝组织松软、易碎裂，胆囊增大，被膜易剥离，呈淡灰红色、土红色、暗红褐色，在皮质内有局灶性出血，切面湿润，组织松软、易碎，皮质和髓质界限不清，髓质呈淡褐红色。膀胱空虚，黏膜苍白，有出血点。脾脏不增大，呈暗红色或红色，脾髓内有大小不同的出血区。淋巴结显著增大，触之柔软，呈灰黄乃至淡黄色。甲状腺增大，有点状出血、肿胀，实质和小叶间组织伴有明显的水肿。所有病例肺胸膜面有各种形状的出血点。气管和支气管有红白色泡沫状液体。肺脏出血性浸润，小叶间组织水肿，肺泡和支气管腔内有浆液性渗出物。心内外膜有带状出血，心室内有块状不凝固的血液。脑血管充血，脑组织水肿。慢性病例尸体高度消瘦，明显贫血，有的呈轻度黄疸。

【诊　断】　根据流行病学、病理变化可作出初步诊断，确诊需进行实验室诊断。

【鉴别诊断】　钩端螺旋体病有些临床症状与沙门氏菌病、巴氏杆菌病类似，在诊断时应加以区别：①钩端螺旋体病早期体温正常或稍升高，并随着黄疸症状的出现体温下降；副伤寒和巴氏杆菌病不仅体温显著升高，而且往往稽留整个病期，黄疸症状很少见。②钩端螺旋体病患兽口腔黏膜常发生溃疡；副伤寒和巴氏杆菌病病兽均无溃疡发生。③钩端螺旋体病剖检可见组织显著黄染，脾脏一般正常；副伤寒脾脏一般都显著肿大，但无组织黄染。④钩端螺旋体病暴发于 7～11 月份，流行有一定周期性，间隔一定时间又会重新暴发流行；副伤寒多在 6～8 月份发生，并呈先逐渐增加然后下降的曲线式流行；巴氏杆菌病的流行无规律性，一年四季均可发生，并多呈突然暴发的形式，短时期内可波及全群，并且所有年龄的毛皮兽均可发生。

【防控措施】　由于本病多呈急性暴发，病程短，死亡快，短时间内确诊困难，因此本病以预防为主，主要为对兽群定期检疫，消灭老鼠等啮齿类动物；定期对饲料、饮水、兽舍、用具严格消毒；加强饲养管理，饲养密度不宜过大。定期进行免疫，幼兽在 2 月龄时开始接种钩端螺旋体菌苗，在 11～12 周龄时二兔，在 14～15

周龄时三免，以后每年接种1次。对经常接触易感动物的人员进行预防接种。

发生疫情后应划定疫情隔离区域，严禁无关的人员和动物进入。加强兽舍、环境和隔离区域的消毒，用次氯酸钠、福尔马林和百毒杀全面消毒。整治环境，水沟、低洼潮湿地撒生石灰消毒。

对发病动物及可疑动物肌内注射青霉素钠5万单位/千克体重，每日2～3次，连用5天。对严重脱水的发病动物，除给予抗菌药物之外，还要给予供应能量和强心利尿。

假定健康群预防性治疗，以下方案任选其一：①氟苯尼考20毫克/千克体重＋多西环素20毫克/千克体重，口服，1次/天，连用5天。②青霉素钠10万单位/千克体重，肌内注射，每日1次，连用3天。以后用氟苯尼考20毫克/千克体重＋多西环素20毫克/千克体重，口服，1次/天，连用3天。

本病为人兽共患病，饲养人员应注意自身防护。

十三、狐加德纳氏菌病

狐阴道加德纳氏菌病是由狐阴道加德纳氏菌引起的，可导致狐、貉、水貂等泌尿生殖感染、不孕和流产。1987年，严忠诚、阎新华等从国外进口狐的流产胎儿及流产狐的阴道分泌物中分离到阴道加德纳氏菌，是我国首次报道该病。狐阴道加德纳氏菌是导致狐繁殖失败的主要病原之一，以引起母狐空怀、流产和死胎为主要特征。该病在我国发病呈上升趋势，应引起重视。

【病　原】　加德纳氏菌病革兰氏染色可变，但分离到的细菌多为革兰氏阴性，形态从球杆状到杆状，呈多形态性，大小0.6～0.8微米×0.7～2.0微米。无菌膜、芽胞和鞭毛。呈单个、短链、长链或"八"字形排列。对磺胺类药物耐药，对庆大霉素、红霉素、氨苄青霉素敏感，对各种消毒药敏感。

【流行病学】　感染狐是本病的主要传染源。传播途径主要是通过交配经生殖道或外伤感染，妊娠母狐可垂直传播给胎儿。银黑狐、北极狐、彩狐、赤狐、貉及水貂均易感染，以狐最为敏感。北极狐高于其他狐种，育成狐显著低于成年狐，空怀、流产狐感染率最高，老狐场高于新建狐场。配种期后感染率显著上升。对国内 18 325 只狐调查结果：总阳性率为 8.3%，种狐阳性率为 14.79%，育成狐阳性率为 3.6%，污染严重的狐场种狐阳性率高达 27.3%。

【临床症状】　狐感染本病主要引起泌尿和生殖系统疾病，多数于妊娠后 20～25 天出现流产及胎儿吸收，流产前母狐从阴门处排出少量污秽物。主要导致母狐的阴道炎、尿道炎、子宫颈炎、子宫内膜炎、卵巢囊肿、肾周肿胀脓肿，有的出现血尿；公狐常出现血尿、睾丸炎、前列腺炎、包皮炎、死精及精子畸形等。其主要临床特征是妊娠狐的流产与空怀，严重影响其繁殖力；公狐的性欲降低。给养狐业造成严重损失。人工感染后第 3 天狐体温平均升高 1.4～1.6℃，稽留 3 天，第 7～12 天全部流产。

【病理变化】　病变主要发生在生殖和泌尿系统，其他系统无明显变化。死亡的母狐阴道黏膜充血肿胀，子宫颈糜烂，子宫内膜水肿、充血和出血，严重时发生子宫黏膜脱落，卵巢常发生囊肿，膀胱黏膜出血。公狐常发生包皮肿胀和前列腺肿大。

【诊　断】　根据本病症状、病变主要见于泌尿、生殖系统的特征可作出初步诊断。

【鉴别诊断】　引起狐繁殖失败的因素较多，传染性因素有狐阴道加德纳氏菌、绿脓杆菌、沙门氏菌、布鲁氏菌等，这几种病的流行特点和临床症状有着很大的区别，非传染性因素有：妊娠期饲料变质、饲料突变、饲料单一、营养不全、饲料蛋白质质量偏低及管理方面的因素如惊扰、捕捉等应激，应注意鉴别。

【防控措施】　狐阴道加德纳氏菌铝胶灭活疫苗已应用于我国养狐场。该疫苗免疫效果可靠，免疫期为 6 个月，每年注射 2 次。在初次使用该疫苗前最好进行全群检疫，健康狐立即接种，对病狐应取皮淘汰，或药物治疗后进行疫苗注射。

目前认为治疗狐狸阴道加德纳氏菌病的有效药物组合是甲硝

唑、替硝唑与氟苯尼考、红霉素、氨苄青霉素联合使用：①甲硝唑，2 次 / 天，20 毫克 / 千克体重，连续服用 7 天；配合应用替米考星或氟苯尼考 20 毫克每千克体重，口服，1 次 / 天，连用 7 天。②替硝唑，2 次 / 天，20 毫克 / 千克体重，连续服用 7 天；配合应用氨苄青霉素 30 毫克每千克体重，口服，2 次 / 天，连用 7 天。

该病为人兽共患病，在处理流产胎儿时要注意自身保护，不可直接用手触摸，对流产狐阴道流出的污秽物污染的笼舍、地面要及时做好消毒，污染物要深埋或无害化处理。

十四、布鲁氏菌病

布鲁氏菌病，又称马耳他热或波状热，常常引起动物流产、不孕等症状，故又称为传染性流产病。本病流行广泛，几乎遍布世界各地。在我国多见于内蒙古、东北、西北等牧区。闫喜军 2004 年报道了对水貂（2 208 只）、狐（7 256 只）、貉（1 180 只）进行的血清学调查，阳性率分别为 0.36%、0.22%、0.16%，说明该病在养殖的毛皮动物中普遍存在，但流行不严重。近年来，未发现相关报道。

【病　原】　布鲁氏菌为短小革兰氏阴性菌，兼性需氧，有荚膜，无鞭毛不能运动，不产生芽胞，大小为 0.5～0.7 微米 × 0.6～1.5 微米，用病料涂片、染色、镜检时，常单个排列或密集成堆。成对，不形成荚膜和芽胞，无鞭毛，不能运动。布鲁氏菌在日光直射和干燥的条件下，抵抗力较弱，一般在直射阳光下 10～20 分钟死亡；在腐败尸体中很快死亡；干的胎膜内存活 4 个月；污染粪水中存活 4 个月以上；衣服、皮毛上可存活 5 个月；流产胎儿中存活 75 天，子宫渗出物中存活 200 天；乳、肉食品中存活 2 个月；对寒冷抵抗力也强，冷乳中存活 40 天以上，在冷暗处的胎儿体内可存活 6 个月。但对热很敏感，60℃加热 30 分钟，70℃ 5～10 分钟死亡，一般的巴氏消毒法可杀灭本菌，煮沸立即死亡。对消毒药的抵抗力不强，兽医常用的一般消毒药，如 3% 苯酚、来苏儿、臭药水、5% 漂白粉、2% 甲醛、5% 石灰水、0.5% 洗必泰、0.1% 新洁尔灭、消毒净等都能在较短时间内将其杀死。本菌对四环素类药物敏感，其次对链霉素敏感，但对杆菌肽、多黏菌素B和M、林可霉素有很强的抵抗力，对青霉素不敏感，庆大霉素、卡那霉素等对本菌均有抑制作用。

【流行病学】 传染源一般是患病及带菌动物。受感染母兽流产的胎儿、羊水和胎衣，及阴道分泌物最具有传染性。其次乳腺组织、淋巴结、关节、睾丸、精液等也适宜布鲁氏菌生长，有一定的传染性。该病主要是通过消化道感染，即通过摄取被病原体污染的饲料与饮水而感染，其次是接触和吸入病原菌而感染。可通过皮肤感染，尤其是皮肤有创伤更易感染，某些饲养者即由此被传染。此外，通过黏膜、吸血昆虫也可以传播此病。

在自然条件下，该病的易感动物很广，其中主要是羊、牛、猪。多种动物和人有不同程度的易感性，经济动物中鹿最易感，貂、狐等及犬也易感。此外，还有牦牛、野牛、水牛、奶牛、羚羊、骆驼、野猪、马、狗猫、兔、猴、鸡鸭及一些啮齿类动物等。一般成年动物发病率高，公兽多于母兽。本病无季节性，但毛皮动物在春季进行繁殖，发病较集中，与阴道加德纳氏菌发病时间相似。

【临床症状】 本病潜伏期短者2周，长者可达半年以上，多数病例为隐性感染。发病时，多呈慢性经过，早期除体温升高、结膜炎外，无明显可见症状。

妊娠母兽主要表现流产，流产一般发生于妊娠后期，流产前数日常有分娩预兆，如阴唇、乳房肿大，以及乳汁呈初乳性质外，还有生殖道炎性症状，如阴道黏膜出现粟粒大红色结节，由阴道流出灰白色或灰色黏性分泌液，流产后多数伴发胎衣不下或子宫内膜炎，2～3周可以恢复，有的病愈后长期排菌，可成为再次流产的原因，有的经久不愈，屡配不孕。此外，患病毛皮动物常发生关节炎，滑液囊肿胀、疼痛，以膝关节、腕关节、跗关节多发。还有的发生淋巴结炎或脓肿。狐狸多隐性感染，母狐主要是流产、死胎和产后不孕。病狐食欲减退，有的出现结膜炎，经1～2周可自愈。

水貂一般无明显症状，但在产仔期常空怀。妊娠母貂常发生流产或死胎，新生仔衰弱，病死率高。公兽患病可发生睾丸炎、附睾炎，并失去配种能力。

【病理变化】 妊娠中后期死亡的母兽，子宫内膜有炎症，或有糜烂的胎儿；外阴有分泌物附着，淋巴结和脾脏肿大；其他器官表现充血、出血。个别公兽出现睾丸和附睾炎性坏死灶和化脓灶。银黑狐无特征性变化，常见脾脏肿大，肝脏充血，淋巴结肿大，有时出血。水貂有显著的病理变化，脾肿大，呈暗樱桃红色，肿胀，表面光滑，有光泽，常肿大4～5倍；淋巴结肿大，切面多汁。

【诊　断】 根据流行病学临床症状病理变化可作出初步诊断，确诊需进行实验室诊断。

【防控措施】 严格执行兽医卫生防疫制度，搞好环境卫生消毒。禁止布鲁氏菌病阳性动物进场。禁止给毛皮动物饲喂来源不清的肉类及副产品，肉类饲料最好煮熟再喂。对隔离兽场、用具等进行常规的消毒。做好产房的卫生及消毒工作。妥善处理流产胎儿、胎衣、胎水及分泌物。动物发生流产时要注意人员防护，禁止人的皮肤接触到流产胎儿等。粪便堆积发酵后利用。

对于场内的公兽要定期检验，每年配种前用平板凝集试验与试管凝集试验检疫，阳性者取皮后淘汰，皮张要做好消毒。新引入的毛皮动物要用平板凝集试验检测，如无病，隔离10天再检疫1次，2次阴性方可混群。

检疫阴性动物预防注射常规的布鲁氏菌5号弱毒活疫苗（简称5号苗），该疫苗可供毛皮动物、绵羊、山羊、牛和鹿的免疫，1次/年。该疫苗对人有一定致病力，工作人员在使用疫苗时应注意个人防护，以防感染。用过的用具需煮沸消毒。

对一般病兽不做治疗，阳性公兽必须淘汰处理。价值昂贵的母兽流产后继发子宫内膜炎或胎衣不下时，可用0.1%高锰酸钾溶液冲洗阴道和子宫，同时应用四环素类药物进行治疗，口服或肌内注射多西环素制剂。大群预防时，可采取全群投药的方式，多西环素

10 毫克 / 千克体重，1 次 / 天，连用 1 周。

本病是人兽共患病。人多因接触患病动物及未经消毒或消毒不彻底的动物产品而感染发病，人感染后，症状似感冒样，长时间不愈，应引起足够重视，注意个人防护。

十五、水貂嗜水气单胞菌病

水貂嗜水气单胞菌病又称水貂出血性败血症，是由嗜水气单胞菌引起的一种以出血性败血症及血痢为特征的人兽共患传染病。

【病　原】　嗜水气单胞菌属弧菌科、气单胞菌属，为革兰氏染色阴性、两端钝圆的杆菌，能运动，不形成芽胞和荚膜，菌体大小 0.3～1.0 微米×1.4～3.5 微米，是兼性厌氧菌。该菌能产生多种外毒素，具有溶血性，可引起接种部位皮肤肿胀坏死及肠毒性作用。嗜水气单胞菌广泛分布于自然界的各种水体，是多种水生动物的原发性致病菌，为条件致病菌。嗜水气单胞菌在水温 14.0～40.5℃范围内都可繁殖，以 28～30℃为最适温度。在 pH 值 6～11 范围内均可生长，最适 pH 值为 7.27；可在含盐量 0～4‰的水中生存，最适盐度为 0.5‰。该菌株产生的毒素对热敏感，56℃加热 10 分钟，即可消除溶血作用、细胞毒性作用和肠毒性。

【流行病学】　水貂对嗜水气单胞菌有极高的敏感性，断奶后的育成貂易感。该菌可引起家畜、家禽、淡水鱼类、软体动物、爬行类（扬子鳄、鳖）及两栖动物发生败血症。

该菌广泛存在于淡水、海水和含有有机物的淤泥中以及鱼类的体表，生活在江河湖海的鱼类、水生动物、两栖类及爬行类动物可成为该菌的自然疫源。污染的鱼类饲料被动物食入通过消化道感染发病，在饥饿、饲料蒸煮不完全、抵抗力下降、应激因素下可引起暴发。

本病始发于 6 月份，至 9 月份基本平息，有很强的季节性，炎热季节多发。

【临床症状】　人工感染潜伏期为 3～4 天。自然感染病貂，潜伏期与饲料的污染程度和貂群体况有关，通常 3～5 天。貂群突然发病，抽搐，惊叫，食欲减退或废绝，精神萎靡，体温高达40℃以上，迅速死亡。亚急性病貂主要表现剩食、拒食，精神萎靡，眼结膜发炎潮红，流涎，腹泻，呼吸困难，最后痉挛昏迷而死亡。约有20%的病貂出现后肢麻痹。

【病理变化】 出血性变化是本病特征性的病理变化。皮下组织水肿，胶样浸润。气管和支气管内有淡红色泡沫样液体，气管黏膜充血、出血，有出血点，喉水肿。肺脏有大小不等的出血点或出血斑，部分肺小叶呈肉囊状。肝脏肿大、质脆，呈土黄色，边缘钝性，被膜上有出血点。脾脏肿大，有散在的出血点，偶见坏死灶。肠系膜淋巴结肿大，切面有出血点、多汁。肠黏膜有散在的出血点，有的病例胃黏膜脱落。有些病例脑膜和脑实质可见出血点。

【诊 断】 根据流行特点、临床症状及病理变化可作出初步诊断，最终确诊需送检实验室做细菌学检查。

【防控措施】 严格执行卫生防疫制度，出现天气变化等较大应激时要严密监控该病的流行态势。严禁饲喂来源不明或自然死亡的动物肉。鱼类饲料必须严格挑选，充分蒸煮熟透、加工调制后饲喂；动物饮水应以自来水或者地下水为主，忌使用江河等生水；定期清理冷库中的鱼类饲料，定期消毒；夏秋季节适时用抗生素预防；怀疑发生该病时，应立即更换新饲料，隔离病兽，全面消毒。

该菌对链霉素、庆大霉素、红霉素、新霉素敏感，可用于病兽治疗；对青霉素类、多黏菌素、四环素、先锋霉素等有很强的耐药性。在临床上，早期诊断、及时使用链霉素治疗能收到良好的效果。链霉素或庆大霉素肌内注射，同时饲喂红霉素。

假定健康群可用以下药物治疗：①替米考星，20毫克/千克体重，1次/天，连用4天；庆大霉素100万单位加料5千克饲喂或饮水，2次/天，连用4天。②红霉素，30毫克/千克体重，2次/天，连用4天；新霉素1克混料5千克，2次/天，连用4天。

嗜水气单胞菌在自然界广泛存在，是一种典型的人兽共患病病原菌。人感染后可发生腹泻及继发感染，因此饲养水貂应严防人员感染。

第三节　寄生虫病

一、弓形虫病

弓形虫病又称弓形体病，是由细胞内寄生原虫刚地弓形虫所引起的人兽共患病。该病呈世界性分布，在人、家养动物和野生动物中广泛传播。据报道，有 45 种哺乳动物、70 种鸟类、5 种冷血动物都能感染本病，是全世界危害严重的重要人兽共患病之一。

【病　原】弓形虫又称弓形体，属原生动物门、孢子虫纲、真球虫目、弓形虫科，是一种广泛寄生于人和多种动物除红细胞外的所有有核细胞内的机会性致病原虫。其不同的发育阶段有不同的形态结构，在中间宿主（多种哺乳动物和鸟类）体内为滋养体、假包囊、包囊，在终末宿主（猫及猫科动物）体内为裂殖体、配子体和卵囊。其中，假包囊破裂散出的速殖子和游离的滋养体是弓形虫的主要致病阶段。包囊内缓殖子可引起慢性感染，在宿主免疫功能低下时可以活化为速殖子。成熟的卵囊内含有 4 个呈新月状的子孢子，此为感染和传播阶段的虫体。

弓形虫在不同的发育阶段对外界因子的抵抗力不同，以滋养体最为脆弱，在生理盐水中几小时感染力即消失，1% 来苏儿 1 分钟即可杀死。包囊的抵抗力中等，在冰冻和干燥条件下不易存活，但在 4℃时尚能存活 68 天。卵囊的抵抗力最强，猫粪中的卵囊可保持感染力达数月之久；对酸、碱、消毒剂均有相当强的抵抗力，一般消毒药对其无影响；但不耐热，55℃ 30 分钟即可杀死，在肉中的包囊要加热至 66℃，或冷冻至 -20℃，11 天后才被破坏，室温下可生存 3～18 个月，在自然界常温常湿条件下可保持感染力 1～1.5 年；混在土壤和尘埃中能长期存活，干燥和低温不利于卵囊的生存和发育。

【流行病学】

1. **流行特点** 弓形虫感染呈世界性分布，特别集中于温暖、潮湿和低海拔地区。动物间弓形虫感染率可达 10%～50%，其中猫的感染率高达 66.7%。弓形虫感染普遍的原因可能为：①弓形虫生活史的多个环节都具有传染性。②虫体对中间宿主和寄生组织的选择性不严。③终末宿主可有可无，既可在终末宿主与中间宿主间相互感染，又可在终末宿主间、中间宿主间相互感染。④虫体在宿主体内保存时间长，卵囊对外界环境抵抗力较强。

2. **感染来源** 猫是各种易感动物的主要传染源，除家猫外，尚有几种野生猫科动物也是弓形虫的终末宿主。6 月龄以下的猫排卵最多。卵囊在外界短期发育便具有感染能力，可污染土壤、牧草、饲料、饮水和用具等。病人、患病和带虫动物的尸体、肌肉、内脏、血液、渗出物及急性期患病动物的分泌物和排泄物均可带有弓形虫的假囊和包囊，也是重要的传染源。另外，在流产胎儿体内、胎盘和羊水中均有大量弓形虫存在。

3. **传播途径** 弓形虫的宿主种类十分广泛，猫和猫科动物是其终宿主兼中间宿主，许多哺乳动物、鸟类、鱼类和人类都可作为中间宿主。弓形虫可通过胎盘、初乳感染，也可通过采食被弓形虫卵囊或滋养体污染的饮水、饲料或接触患弓形虫病的鼠、禽类（滋养体、包囊）等感染；还可通过呼吸道、口腔、眼结膜和皮肤侵入体内。肉食动物通过饲料感染的概率较大。吸血昆虫也可传播本病。

4. **发病年龄** 任何年龄和性别的动物都可感染，但幼龄动物发病率高。妊娠期感染可致胎儿吸收、流产、死胎、烂胎、难产，产出发育不均的弱仔。

5. **高发季节** 弓形虫病发生无明显季节性，但在秋冬及早春季节发病率高，可能与寒冷导致动物抵抗力下降及外界条件适合卵囊生存有关。温暖、潮湿地区感染率高。

弓形虫是一种机会致病性原虫，正常感染弓形虫后多呈隐性感染状态，当宿主免疫力下降时，可快速增殖，引起一系列严重的症状甚至死亡。

【临床症状】　不同种类动物、不同病例潜伏期不同，7～10天或数月。临床上表现不同病型，侵害胃肠道、呼吸道、中枢神经系统及眼睛等。急性经过2～4周转归死亡；慢性经过可持续数月，转为带虫免疫状态。

成年银黑狐患病后，表现食欲减退或拒食，呼吸困难或浅表频数。鼻孔及眼内流出黏液，腹泻带有血液，肢体不全麻痹或麻痹，骨骼肌痉挛性收缩，心律失常，体温升高到41～42℃，呕吐。死前兴奋，沿笼子旋转并发出尖叫。

发病水貂体温升高至41～42℃，呈稽留热，食欲不振或废绝，精神沉郁，粪便先干燥，后水样，严重者发生出血性腹泻，无恶臭味。心跳快而弱，可视黏膜苍白或黄染，结膜发炎，流脓性眼眵，视觉障碍，鼻腔流浆液性鼻液，呼吸困难，咳嗽，胸腹等无毛或少毛处皮肤暗红。有的表现极度兴奋，眼球突出，剧烈呕吐，出现运动失调、后肢麻痹等神经症状。显著特征是中枢神经紊乱，兴奋性增高，表现不安、眼球突出或精神沉郁，拒食，运动失调，衰竭，常死于小室内。有的听觉逐渐消失，呼吸困难。有的表现急速来回奔跑，尾巴向背部伸展，如松鼠样。有时上下颌动作不协调，采食缓慢、困难。失去正常排便习惯。有的出现结膜炎。常在抽搐中死去。也有的呆立，嘴巴靠在笼壁上，驱赶时旋转、搔抓和咬笼壁，步履失去平衡，倒在笼网上旋转。表现神经紊乱的水貂病程较长，1～2周仍存活。公兽失去配种能力。时而病情好转，时而呈现神经紊乱而死亡。

母兽在妊娠期患病，所产仔兽在出生后4～5天死亡，或产出不健康、发育不正常的体躯变形、头盖骨增大的仔兽，多转归死亡。水貂患本病死亡率很高，特别是仔兽死亡率高达90%～100%。

【病理变化】　除中枢神经系统外，主要脏器和组织均有眼观可见的病变。

1. **水貂** 尸体消瘦，肌肉色淡或轻度黄染。肺脏呈现充血、出血，水肿，有大理石样的花纹，表面有硬固的模糊可见的坏死结节。脾脏肿大，呈黑紫色。肝脏呈淡黄色，有时呈黑褐红色，质地脆弱，表面有出血点和坏死灶。有神经症状的死貂脑膜和小脑充血。肾脏呈淡黄色，被膜下有出血点，胃肠黏膜充血、出血。

2. **银狐、北极狐、貉** 肝脏肿大，呈淡黄褐色，表面布满坏死区，有红褐色出血带。胃肠内有血块或血液，胃黏膜出血，常有灰白色小坏死灶，小肠黏膜有小溃疡。肺脏淤血、水肿和气肿。胸腔内有淡黄色胸水。淋巴结肿大，切面湿润多汁，并伴有粟粒大灰黄色坏死灶和出血点。

【诊 断】 根据典型症状，如稽留热型、体温41～42℃、肺炎、肝脏坏死和肌肉麻痹等，可作出初步诊断。确诊需做实验室诊断：取肝、肺、淋巴结、静脉血等涂片做瑞氏或姬姆萨氏染色，油镜下观察到新月状滋养体，即可确诊。

【防控措施】 加强饲养管理，对笼舍、食具等经常清洁和定期消毒；严禁用病死动物及被污染的饲料和腐败变质的肉、奶、蛋等动物制品饲喂动物，畜禽屠宰后的废弃物不可直接用作饲料，应煮熟饲喂；同时要注意消灭鼠、蝇及各种昆虫，防止动物吃到老鼠尸体。养殖场内严禁养猫，防止野猫进入兽舍；加强饲料和饮水的保存，严防被猫粪尿污染。严格处理好流产胎儿及排泄物，流产场地要严格消毒。有条件的将地表水改为地下水，全场管道给水；加强消毒工作，保证圈舍环境干燥；病死动物尸体采用焚烧、深埋或高温处理。

病兽个体治疗：①磺胺嘧啶钠注射液，70～100毫克/千克体重，肌内注射，每日2次，连用5～7天；②10%增效磺胺–5–甲氧嘧啶（SMD）＋2%甲氧嘧啶（TMP）注射液，0.2毫升/千克体重，每日1次，连续5～7天。同时在饮水中添加电解多维和微量盐等，以减少应激，防止脱水，补充营养。

群体治疗：①磺胺嘧啶（SD）70 毫克 / 千克体重 + 甲氧苄啶 14 毫克 / 千克体重，混合服用，每日 2 次，连用 5～7 天。②磺胺嘧啶 70 毫克 / 千克体重 + 二甲氧苄氨嘧啶（DVD）6 毫克 / 千克体重，混合服用，每日 2 次，连用 5～7 天。③磺胺间甲氧嘧啶（SMM），内服，首次量 50～100 毫克 / 千克体重，维持量 25～50 毫克 / 千克体重，每日 2 次，连用 5～7 天。

本病为人兽共患病，饲养人员要注意个人防护。

二、螨 虫 病

螨虫病是由疥螨科和痒螨科所属的螨虫寄生于毛皮动物的体表或表皮下所引起的慢性皮肤病，多为接触性传染。如果饲养管理不当、治疗不及时，会直接影响动物健康和毛皮的质量，给饲养场带来严重损失。

【病　原】　螨类（疥螨和耳痒螨）是不完全的节肢动物，其发育过程包括卵、幼虫、若虫和成虫 4 个阶段。

【流行病学】　本病通过直接接触或间接接触传播。患病动物是主要的传染源，它与健康动物直接接触可以传播本病，如密集饲养、配种均可传播，通过污染的笼舍、食盆、产箱及工作服、手套等也可间接传播。猫、犬是重要的传染源。秋冬季节，尤其是阴雨天气，有利于螨虫发育，发病较重。春末夏初，兽体换毛，通气改善，皮肤受光照充足，疥螨和痒螨大量死亡，仅有少数螨潜伏在耳壳、腹股沟部等被毛深处，这种带虫动物没有明显症状，但到了秋季，随着条件改变，螨又重新活跃起来，引起病情复发，成为最危险的传染源。

【临床症状】

1. **疥螨**　剧痒为本病的主要症状，一般先发生在脚掌部皮肤，后逐渐蔓延到飞节及肘部，然后扩散到头、尾、颈及胸腹内侧，最后发展为泛化型。感染越重，痒觉越强烈。其特点是病兽进入温暖小室或经运动后，痒觉更加剧烈，不停地咬舐，以前爪搔抓，不断向周围物体摩擦身体，从而加剧患部炎症，同时也向周围散布大量病原。由于身体皮肤广泛被侵害，食欲丧失，严重的发生中毒死亡；但多数病例经治疗预后良好。

2. **耳痒螨**　初期局部皮肤发炎，有轻度痒觉，病兽时而摇头，或以耳壳摩擦地面、小室、笼网，并以脚爪搔抓患部，引起外耳道皮肤发红、肿胀，形成炎性水疱，并有浆液渗出，渗出液黏附耳壳下缘被毛，干涸后形成痂，厚厚地嵌于耳道内，如纸卷样，堵塞耳道。有时耳痒螨钻入内耳，损伤鼓膜，造成鼓膜穿孔，此时病兽食欲下降，头呈 90°～120° 转向病耳一侧。严重病例可能延及脑部，出现痉挛或癫痫症状。

【诊　断】　本病根据患兽皮肤被螨虫侵害所产生的特征性临床症状（结痂）而较容易作出初步诊断。对症状不明显的病兽，需采取患部皮肤上的痂皮，检查有无螨虫才可确诊。有条件的饲养场，可用手术刀片刮少许结痂下面的污物，置洁净玻璃皿内，用 10% 氢氧化钠溶液浸泡 3～5 分钟，然后，蘸取 1 滴悬浊液滴于载玻片上，移置低倍显微镜下观察，也可用倍数较大的放大镜观察，见到螨虫即可确诊。

【鉴别诊断】　癣和螨是毛皮动物较常见的疾病，但是很多的养殖户并不能准确地区分这两种疾病。现将两种疾病的主要区别列出：螨，属于寄生虫。癣，属于真菌。螨一般是寄生在皮肤的第二层，采食真皮细胞，因此，其寄生处常见到不规则、大块地掉皮。癣，绝大部分都是附着在皮肤的表面，在营养和适宜的条件下会向四周均匀地扩散，因此，一般看到的癣群都是呈比较规则的圆形或椭圆形。

此外，钱癣、湿疹、过敏性皮炎等皮肤病及虱寄生时也有皮炎、脱毛、落屑、发痒等症状，应注意区别。

【防控措施】　严格执行卫生防疫制度，定期进行消毒。保持笼舍及用具的清洁卫生，笼内垫草经常翻晒或更换。笼舍内不得有粪便堆积，及时清理笼内及地面粪便。定期在地面撒生石灰或喷洒氢氧化钠溶液或用火焰喷灯消毒，养殖场内严禁放养其他动物，铲除地面杂草，做好灭鼠灭蝇。从外地购入的毛皮动物，运到本场后须隔离饲养一段时间，经观察无病才能合群。平时饲养人员应注意观察，一旦发现有的个体行为异常，如常用爪挠抓皮肤，出现挠伤、秃斑、流污血、结硬痂等症状，须立即报告兽医或负责人，以便及时采取治疗措施。隔离治疗病兽的同时对全场进行消毒，用喷灯火焰消毒笼具效果较好。治疗使用的工具器械应严格消毒处理后才能继续使用。患兽所剪下的痂皮、被毛和病尸必须烧毁或深埋，操作现场彻底清扫后，须用氢氧化钠溶液消毒。

发病动物个体治疗：剪毛去痂，将患部及其周围3～4厘米处的被毛剪去，将被毛和皮屑收集后焚烧或用杀螨药浸泡，用温肥皂水冲刷硬痂和污物。绿尹佳（1%伊维菌素），皮下注射，0.1毫升/千克体重，隔1周注射1次，共注射3次，同时注意真菌及细菌混合感染的治疗。

全群预防性治疗：绿尹佳（1%伊维菌素），皮下注射，0.1毫升/千克体重，隔1周注射1次，共注射3次。害获灭（1%伊维菌素），皮下注射，0.1毫升/千克体重，隔1周注射1次，共注射2次。

三、肾膨结线虫病

肾膨结线虫属膨结科线虫，多寄生于动物的肾脏内，故本病又称肾虫病。虫体寄生在狐、水貂等动物的肾盂及腹腔中，水貂是终末宿主。

【病　原】 肾膨结线虫虫体比较长，呈暗红色，两端略细，圆条状。雄虫长14～40厘米、粗0.3～0.4厘米；雌虫长20～60厘米、粗0.5～1.2厘米。虫卵圆锥形，被有粗厚的卵膜，卵膜表面有压迹，卵长64～83微米、宽40～47微米。

寄生在肾脏或腹腔的肾膨结线虫，性成熟后雌雄交尾，其卵随感染动物尿液排于水（或土壤）中，被第一中间宿主蛭蚓科的脚首住蟹蛭吞食后，在体内经过两个时期的发育成为幼虫，并形成包囊，被第二中间宿主淡水鱼类（鲤鱼、鲫鱼、泥鳅等）吞食后发育成感染蚴。当狐、水貂等肉食动物生食带感染蚴的鱼类饲料后，感染蚴经消化道移行到肾脏或腹腔，发育成第三、第四期幼虫，最后变成成虫。

【临床症状】 患兽消瘦，贫血，可视黏膜苍白，食欲不佳，消化紊乱，呕吐，排血尿等。貂群抵抗力下降，易继发其他传染病。

【病理变化】 尸体消瘦，尸僵完全，口腔黏膜苍白，皮下组织无脂肪沉着。腹腔有多量淡黄红色腹水，患侧肾区和腹膜有黄红色绒毛状纤维素附着，多在右侧腹腔发现虫体。肝脏受损。

水貂感染肾膨结线虫，多寄生于右侧腹腔。肾脏和腹腔浆膜发炎，脏器粘连，大网膜纤维素沉着，肝脏受损。患侧肾脏呈灰白色，浑浊、质硬，有的穿孔或缺损，切面有钙化灶，肾盂内有脓样的浑浊液体，有的可见到虫体穿入肾组织中，膀胱内有血尿。

【诊　断】 生前诊断比较困难，可以根据动物的临床表现和平日的饲料组成（以淡水鱼类为主），结合尿检发现虫卵，作出初步诊断。死后解剖发现虫体，即可确诊。

【防控措施】 本病尚无好的治疗方法，应以预防为主。淡水鱼类（泥鳅污染率高达70%）饲料应煮熟再喂，其他饲料应和未高温处理的生鱼隔开，不要混放在一起。饮用水最好用井水。

四、毛虱病

毛虱病是毛虱引起的永久性外寄生虫病。病兽啃咬或用后爪搔扒躯体局部，一般多见于颈部，前侧颈后至肩前或摩擦胸腹侧及腕的背面，出现针绒毛断折缺损。该病1987年首次在我国被发现，此后流行甚广，危害极大。

【病　原】 毛虱属虱目、食毛亚目。小型无翅，体小扁平，呈黄白色或灰白色。体长约1.8毫米，毛虱具有宿主的专一性。

毛虱为不完全变态，并且只在动物体表上完成其发育。以毛、表皮的鳞片为食，但有时也吞食动物皮肤损伤部流出的血液和渗出物。雌毛虱产卵以特殊黏液黏着于被毛的近根部。5～10天孵出幼毛虱，经2～3周变为成虫（毛虱），其间蜕化2～5次，整个发育期为3～4周。

【流行病学】　本病的传播方式主要是宿主间的直接接触。运输或密集饲养可造成传染扩散。被污染的垫草及用具也可传播。该病主要发生在秋冬两季，此时正是毛绒浓密季节，体表温度高，适宜毛虱生存和繁殖。

【临床症状】　患兽表现不安，常呈犬坐姿势，用后爪蹬挠背部或啃咬胸腹侧乃至掌前部及腕部。被毛粗乱，针绒毛断秃，形成面积不等的残缺，多发生在颈后、肩前、胸腹侧、掌背、腕前。轻者无明显的异常现象，食欲、精神状态正常。严重者除局部被毛缺损外，还有全身症状，即营养不良，消瘦，被毛蓬乱、脱落、大面积缺损，不愿活动，食欲不振，甚至死亡。局部变化多在冬季能看到，肢体某部出现脱毛或缺损。由于毛虱在体表毛丛中移动频繁，造成痒觉，患兽表现不安，摩擦躯体，啃咬患部。此病主要造成被毛缺损，影响皮张质量，或使皮张失去经济价值。

【诊　断】　根据动物有发痒、掉毛现象，被毛缺损部位的边缘毛丛中有黄白色似皮屑样小虫爬动，可初步作出诊断，显微镜检查见到虫体即可确诊。

【防控措施】　兽舍要经常打扫、消毒，保持通风、干燥，垫草要勤换、常晒，护理用具也应定期消毒。对新引进的种兽必须认真检查，确认无病后再合群。发现病兽要及时隔离治疗。兽群发病后污染的垫草最好焚烧，笼舍用火焰消毒。用2.5%溴氢菊酯按250～300倍稀释后（或0.025%除虫菊酯或1%鱼藤酮粉溶液及其他低毒农药）喷洒地面及笼具，1小时内可杀死虫体。注意杀虫药的用量不要过多，以免中毒。

病兽治疗可用伊维菌素。绿尹佳，全群皮下注射，0.1毫升/千克体重，隔1周注射1次，共注射2次。害获灭，全群皮下注射，0.1毫升/千克体重，1次即可。

五、旋毛虫病

旋毛虫病是一种人兽共患的寄生虫病。狐、水貂等以肉食为主的毛皮动物多发。1963年，我国人工驯养的紫貂曾因生喂含有旋毛虫的肉类饲料而发生旋毛虫病，造成多例死亡。

【病　原】　旋毛虫是一种很细小的线虫。雄虫长1.4～1.6毫米、直径0.04毫米；雌虫长2～4毫米；幼虫长0.09～0.12毫米、直径0.006毫米。成虫寄生在动物（宿主）的小肠里，称为肠型旋毛虫。幼虫寄生在同宿主的肌肉组织中，称为肌型旋毛虫，呈盘香状蜷曲于肌肉纤维之间，形成包囊，为梭形黄白色小结节，长300～500微米。旋毛虫对外界的不良因素具有较强的抵抗力，对低温有很强的耐受力，在0℃时可存活57天，但高温可杀死旋毛虫，一般70℃时可杀死包囊内的旋毛虫。如果煮沸或高温处理的时间不够、肌肉深层的温度达不到致死温度时，其包囊内的虫体仍可保持活力。

旋毛虫成虫寄生于狐、水貂等动物的小肠内，成虫产出的幼虫则寄生于该宿主的横纹肌肉中，并形成包囊。旋毛虫终生营寄生生活，无外界自由生活阶段，但完成生活史则必须要更换宿主。人感染旋毛虫主要是因为生食了含有旋毛虫幼虫包囊的动物肉类而获得感染。

食肉动物食入了含有活旋毛虫幼虫的肉类饲料，肉里的旋毛虫包囊在动物胃内被溶解，幼虫逸出，在十二指肠迅速生长发育，经过4次蜕皮，发育成性成熟的肠型旋毛虫。雌虫受胎后，钻入肠黏膜内产生幼虫。幼虫经淋巴和血液循环移行到横纹肌里生长，发育成肌型旋毛虫，以膈肌、肋间肌、咀嚼肌、舌肌最多见，紫貂多见于背最长肌。幼虫到达肌肉后，生长发育，形成包囊，每个包囊内含有1～2个蜷曲的幼虫，包囊钙化以后幼虫死亡。

【流行病学】　旋毛虫分布于世界各地，宿主包括人、猪、犬、猫、熊、狐、狼、貂等49种动物，因此旋毛虫的流行有广大的自然疫源性。动物间互相捕食或新感染旋毛虫的宿主排出的粪便污染了食物，便可能成为其他动物的传染源。

导致该病广泛流行不易根除的因素之一是旋毛虫对外界环境的抵抗力特别强。形成包囊后的肌旋毛虫在 –12℃可存活 57 天，–16℃的冷库中冷冻 5 天其存活率为 100%，盐腌、熏烤后的旋毛虫肉，深部肉中的虫体仍可保持活力 1 年之久，在腐肉中可存活 2～3 个月。但旋毛虫包囊或其幼虫对热的抵抗力不强，70℃以上就可杀死幼虫。

【临床症状】　本病在动物身体无明显疼痛表现，患兽仅表现不愿活动、食欲不振、慢性消瘦。寄生在小肠里的成虫吸取营养，分泌毒素，致使动物消化紊乱、呕吐、腹泻；寄生在肌肉里的幼虫排出代谢产物和毒素，导致肌肉疼痛，呼吸短促，最后由于毒素的刺激，导致病兽不愿活动、营养不良、抗病力下降；当天气变化、气温下降时出现死亡，或由于高度消瘦而失去种用价值。

【诊　断】　生前不易发现，死后尸体消瘦，皮下无脂肪沉着，筋膜下和背部肌肉里有罂粟粒大的黄白色小结节散在。剪取背最长肌有小结节的肌肉组织或膈肌，剪碎放于载玻片上，压片置于低倍显微镜下观察，见到旋毛虫包囊可确诊。

【预　防】　加强检疫，肉类及副产品一定要严格检查，患病动物应无害化处理不能食用，饲料要高温处理后再喂。对一些可疑的肉类饲料或来自旋毛虫多发地区的犬肉和其他动物肉类饲料，亦应高温处理。为保证高温处理肌肉深层达到 100℃，应将肉切割成小块再高温处理，以便彻底杀灭虫体。

病兽无治疗价值，发现一例淘汰一例。

六、蚤　病

本病由蚤寄生于动物体引起，大量寄生时，由于刺咬、吸血引起动物痛痒不安和营养消耗，重者消瘦，贫血，毛皮常被抓伤，可造成巨大的经济损失。

【病　原】　蚤是一种体小无翅的吸血昆虫，身体扁狭，体外有较厚的角质外骨骼，全身各处都有较多的鬃毛和刺。头小，与胸部相连。触角短而粗，口刺适于穿孔和吸血。胸部小，包括可以活动的 3 个节，后腿大而粗，善于跳跃。腹部大，有 10 节。蚤在毛皮动物毛丛中或在产箱里的垫草中产卵发育。卵光滑，易落入产箱的板缝中或地面上，发育成幼蚤，在土壤和动物身上再营寄生生活。

蚤发育为全变态，生活史包括卵、幼虫、蛹和成虫 4 个阶段。卵呈椭圆形，长 0.4～1.0 毫米，初产时白色、有光泽，以后逐渐变成暗黄色；卵在适宜的温度、湿度条件下，5 天左右孵出幼虫。幼虫形似蛆而小，有三龄。体白色或淡黄色，连头共 14 节，头部有咀嚼式口器和触角 1 对，无眼、无足，每个体节上均有 1～2 对鬃。幼虫活跃，爬行敏捷，经 1～2 周发育，蜕皮 2 次，变为成熟幼虫，体长可达 4～6 毫米。成熟幼虫吐丝作茧，在茧内第三次蜕皮、化蛹。茧呈黄白色，体外黏着一些灰尘或碎屑，有伪装作用。蛹具成虫雏形，头、胸、腹及足均已形成，并逐渐变为淡棕色。蛹期 1～2 周，有时可达 1 年，主要受温度和湿度影响，蛹羽化时需外界的刺激，如空气的振动、动物走近、接触压力以及温度的升高等，均可诱使成虫羽化、破茧而出。这一特性可以解释为什么当人进入久无人住的房舍时会遭受蚤的袭击。成虫羽化后即可交尾、吸血，并在 1～2 天后产卵。雌性蚤一生可产卵数百个。寿命为 1～2 年。

蚤通过经常叮咬和分泌具有毒性的唾液，引起毛皮动物强烈瘙痒。病兽表现不安、啃咬搔抓以减轻刺激。一般在耳郭下、肩胛、臀部或腿部附近产生一种急性散在性皮炎斑；在后背部或阴部产生慢性非特异性皮炎。病兽出现脱毛、落屑、形成痂皮，皮肤增厚及形成有色素沉着的皱襞，严重者出现贫血，在毛皮动物的背中线及被毛根部附着煤焦样颗粒。

【临床症状】 主要是瘙痒。病兽表现为搔抓、摩擦和啃咬被毛，引起脱毛、断毛和抓伤；重症的皮肤磨损处有液体渗出，甚至形成化脓创。有时可引起过敏反应，形成湿疹，严重者可出现贫血和营养不良。

【诊 断】 逆毛生长方向梳起被毛，观察毛根部及皮肤，如发现跳蚤或蚤粪即可确诊。也可用一张湿润的白纸放在动物身下，然后用梳子梳毛，蚤粪不断掉到白纸上，即可确诊。

【防控措施】 加强卫生管理，防止犬、猫进入舍内，注意灭鼠。清除滋生地，清扫棚舍、室内暗角等，并用各种杀虫剂如敌百虫、敌敌畏、溴氰菊酯对兽舍、窝巢和用具喷洒，杀灭成蚤及其幼虫。搞好棚舍内卫生，保持干燥。小室内垫草要及时处理。

发病动物治疗：绿尹佳或害获灭，全群皮下注射，0.1毫升 / 千克体重，1周重复注射1次。

七、蜱 病

蜱是一种吸血外寄生虫。其危害体现在两方面，一是叮咬宿主体表，吸血，刺激叮咬部发炎、水肿，分泌毒素，使宿主呈运动功能麻痹性瘫痪，严重的引起死亡；二是其为许多人和动物疾病的病原体传播媒介和保虫宿主，可以传播细菌、病毒、立克次氏体、螺旋体、原虫等。

【病 原】 全世界已发现约800余种，其中计硬蜱科约700多种、软蜱科约150种、纳蜱科1种。我国已发现的硬蜱科约100多种、软蜱科10种。蜱的繁殖力极强，1只雌软蜱一生能产数千枚卵。蜱寄生宿主种类较为复杂，包括冷血动物、鸟类、哺乳动物，甚至人类。

蜱是不全变态的节肢动物，其发育过程分为卵、幼虫、若虫和成虫4个时期。在动物体表上进行交尾，交尾后吸饱血的雌蜱离开宿主落到地面，爬到草根、树根、地面、墙壁表层缝隙内或土块下静伏不动，一般经过4～8天，待血液消化和卵发育成熟后，开始产卵。产卵后雌蜱即亡。雄蜱一生可交配数次。卵呈球形或椭圆形，大小0.5～1毫米，淡黄色至褐色，常堆集成团。在适宜条件下卵可在2～4周内孵出幼虫。幼虫经1～4周蜕皮为若虫。硬蜱若虫只1期，软蜱若虫经过1～6期不等。若虫再到宿主身上吸血，落地后再经1～4周蜕皮而为成虫。硬蜱完成一代生活史所需时间由2个月至3年不等；多数软蜱需半年至2年。硬蜱寿命自1个月到数十个月不等；软蜱的成虫由于多次吸血和多次产卵，一般可活5～6年至数十年。蜱主要在动物舍附近的地缝或土块下越冬。

【临床症状】 动物被蜱叮咬后，开始出现不安，瘙痒，打滚，啃咬皮肤，在墙角等突出物上摩擦身体，轻度震颤，可致皮肤溃疡。因蜱吸血，可致动物贫血，消瘦，步态不稳，无力。当蜱寄生于趾间时，可导致跛行，即使蜱清除后，跛行也会持续数天。雌蜱分泌神经毒素的能力很强，在吸血的过程中，分泌的神经毒素可使动物的运动神经传导机能发生障碍，表现肌肉麻痹。

【诊　断】 根据临床症状，结合在动物头部、背部、腿部等浅毛层中及笼具周围和土壤中发现呈黄褐色、长卵圆形的蜱，即可确诊。

【防控措施】 在蜱活动和繁殖的季节，要注意消灭外界环境中的蜱类。防止犬类接近兽舍，如发现环境中有蜱并且有动物出现症状，应采取以下措施：对于兽舍、笼具及地面用敌敌畏或菊酯类农药喷雾消毒，每天1次，连用3次。对动物全群皮下注射1%依维菌素，0.1毫升/千克体重，2周后重复注射1次。

第四节　中毒性疾病

一、食源性病原微生物中毒

存在于食品中或者以食品为传播媒介的病原微生物为食源性病原微生物（包括沙门氏菌、葡萄球菌、致病性大肠杆菌、肉毒梭菌、变形杆菌、蜡样芽胞杆菌、空肠弯曲杆菌、单核细胞增生李氏杆菌等）。动物采食污染的食物后，可以导致食源性病原微生物的中毒。

（一）肉毒梭菌中毒

肉毒梭菌中毒是由于动物食入含有肉毒梭菌毒素的肉类饲料引起的一种急性致死性中毒病，以运动中枢神经麻痹和延脑麻痹症状为特征。肉毒梭菌属于梭状芽胞杆菌属，革兰氏染色可见两端圆的单在或成双的直杆状菌体，在厌氧环境中分泌强烈的神经毒素，这种毒素毒性强烈、性质稳定，是目前已知化学毒物和生物毒素中毒性最强烈的。肉毒梭菌广泛分布于自然界中，主要存在于腐败变质的肉类、鱼类等饲料中。

【临床症状】　该病的潜伏期为数小时至 10 天，临床上可表现不同的类型。动物饲喂了含毒饲料后大批发病死亡，多为最急性和急性型。

1. **最急性型**　喂食后 5～7 小时部分动物突然发病，很快死亡。肌肉进行性麻痹，首先是后肢麻痹，拖着后肢向前爬行；继而前肢麻痹，卧地不起，呼吸困难，眼球突出或斜视，瞳孔散大，咽部肌肉麻痹，呈现采食和吞咽困难、流涎。死前口吐白沫，粪尿失禁，排血样稀便，尿血，昏迷，最后窒息死亡。病程数小时，死亡率为100%。

2. **急性型**　临床多见动物表现动作不协调，行走摇晃，随后进行性全身麻痹，站立困难，常侧卧，有的舌脱出口外，下颌麻痹而下垂，吞咽困难，不能采食和饮水，流涎，呼吸加快，浅表脉搏频数而微弱，排粪失禁，有腹痛。体温多无变化，死前下降，最后心脏麻痹，窒息死亡。

3. **慢性型**　舌和喉轻度麻痹，肌肉松弛无力，步态不稳，容易卧倒，起立困难，脉象减弱，粪便干燥或稀薄，病程可持续 10 天以上。

【病理变化】　胃肠黏膜充血、出血，卡他性炎症。肺充血、水肿。肝脏充血、淤血，呈暗紫色。脑膜充血。心内外膜有小点出血。肾脏充血、淤血。

【防控措施】 防止饲料被肉毒梭菌污染，肉类饲料不宜在10℃左右室温内堆放时间过长，特别是在夏季尤其注意，冰冻饲料不宜融化时间过长，防止细菌增殖。可疑饲料高温处理后试喂，立即停喂已变质或疑似变质的饲料，如果为肉毒梭菌污染，高温不能灭活其毒素。鸡肠、鱼、肉在饲喂前，用0.3%高锰酸钾浸泡3～5分钟，沥干水分后，用清水冲洗1遍。在饲料中拌入一定量的解毒剂。按照1千克/50千克饲料的浓度，向饲料中拌入葡萄糖。并按照临床使用量加入氟苯尼考、多西环素。另外，添加一定量的复合维生素B，在饲料临近饲喂时加入维生素C，不可过早加入，防止其失效。及时清理、清洗绞肉设备。每次使用后，先用清水冲洗干净，再用季铵盐类消毒剂进行清洗。按时给动物免疫接种类毒素疫苗，可以在一定程度上减少该病发生时的死亡率。

本病常突然发病死亡，来不及治疗，一般无特效药可用。在未确定毒素型的情况下，可用多价抗毒素血清治疗，静脉或肌内注射。对症疗法：用5%碳酸氢钠液或0.1%高锰酸钾液灌肠、洗胃，因肉毒梭菌素在碱性条件下易被破坏，在氧化作用下毒力易减弱。

（二）沙门氏菌食物中毒

沙门氏菌属的细菌可引起感染性细菌中毒，其比例占到细菌型食物中毒的50%左右。饲料储存不当污染沙门氏菌，被动物食入后在体内繁殖，在内毒素和肠毒素的作用下病菌进入血液，出现菌血症和全身感染。

【临床症状】 动物出现急性胃肠炎，呕吐、腹泻、体温升高，水样便，有时带有脓血黏液，重者抽搐昏迷，有些发病死亡。如不及时控制，死亡率可达30%以上。

【防控措施】 防止饲料污染，发病后应停止饲喂可疑饲料。发病动物的治疗参照沙门氏菌病的防治。

（三）葡萄球菌食物中毒

能够污染饲料的葡萄球菌共有18个种和亚种，金黄色葡萄球菌是与食物中毒有关的重要菌种。饲料储存不当，污染葡萄球菌，且数量较多产生足够数量的肠毒素，被动物食入后引起中毒。

【临床症状】　中毒动物出现急性胃肠炎，呕吐、腹泻，腹泻严重的会致死亡。该病常呈现一过性，如不及时清除饲料污染源，死亡率可达 50%～80%。

【防控措施】　注意饲料的存放。如果确诊为葡萄球菌食物中毒，查找源头切断污染饲料，控制细菌的继发感染。治疗方案参见葡萄球菌病。

（四）大肠杆菌食物中毒

致病性大肠杆菌有 5 种类型：肠道致病性大肠杆菌、肠道毒素性大肠杆菌、肠道侵袭性大肠杆菌、肠道出血性大肠杆菌、肠道黏附性大肠杆菌。该菌在自然界中生存能力强，在室温下可存活数周，土壤和水中可存活数月。饲料储存不当，污染大肠杆菌且数量较多（10^5CFU/ 克），被动物采食后引起中毒。

【临床症状】　大批动物出现急性胃肠炎、菌痢或出血性结肠炎等症状，有些腹泻脱水严重或因急性肾衰而致死亡。该病常呈现一过性，如不及时清除饲料污染源，死亡率可达 30% 以上。

【防控措施】　注意饲料的存放。如果确诊为大肠杆菌食物中毒，应查找污染源头。治疗方案参见大肠杆菌病。

二、霉菌毒素中毒

霉菌毒素中毒就是动物采食了发霉的饲料而引起的中毒性疾病，主要临床特征为急性胃肠炎和神经症状。

【病　因】　饲喂毛皮兽的植物性饲料包括玉米、豆饼、油饼、高粱、小麦、麸皮等。这类饲料若保管不当，存放于气温高、湿度大、通风不良的地方，曲霉菌、白霉菌、青霉菌等会大量繁殖，产生毒素。这类毒素可引起水貂、黑貂、银黑狐、北极狐、貂、海狸鼠、麝鼠、毛丝鼠等中毒。其中以黄曲霉毒素引起的中毒最为严重。

【临床症状】　病兽食欲减退或废绝，精神沉郁，反应迟钝，出现神经症状：抽搐、震颤、口吐白沫、角弓反张、癫痫性发作。有的病兽鼻镜干燥，嗜睡，流涎，少数呕吐，衰弱无力。粪便呈黄色糊状，混有大量黏液，严重者混有血液或呈煤焦油状，尿液黄色、浑浊。可视黏膜黄染。呼吸急促，心跳加快。耳后、胸前和腹侧皮肤有紫红色淤血斑。最后因心力衰竭而死亡。病程一般 2～5 天，有的急性病例临床上未见任何症状而突然死亡。

【病理变化】 尸体血液凝固不良，皮肤、皮下脂肪、浆膜及黏膜有不同程度的黄染，耳根部尤为明显。腹腔、胸腔积有大量淡黄至橙黄色污秽液体。肝肿大 1～2 倍，呈黄绿色或砖红色，被膜下有点状出血，质脆，病程长者发生肝硬变，胆囊扩张，胆汁稀薄。胃肠内容物呈煤焦油状，肠内有暗红色凝血块。胃肠黏膜充血、出血、溃疡、坏死。肾脂肪囊黄染，有点状出血。膀胱黏膜出血、水肿。心包积液，心脏扩张。脑及脑膜充血、出血。

【防控措施】 严格筛选饲料原料，并进行常规的霉菌毒素测定。该病尚无特效药物，当毛皮动物发生中毒时，应立即停喂霉变饲料，饮葡萄糖、绿豆水解毒，并给予含碳水化合物和维生素较多的饲料。同时采取排毒保肝措施，可用 25%～50% 葡萄糖溶液与维生素 C 混合，静脉注射，每日 1 次，直至痊愈。

三、食盐中毒

食盐是毛皮动物不可缺少的营养物质，但日粮中加盐过多或调制不当，也会引起不良反应，甚至发生中毒。北极狐、水貂、黑貂等毛皮动物对食盐较敏感。

【病　因】 饲料配方计算错误或加工操作失误，造成食盐添加量过大，或市售一些饲料原料如鱼粉等本身含食盐，饲料中还添加常规量食盐，或食盐颗粒过大、搅拌不匀。

【临床症状】 病兽初期极度口渴、大量饮水；慢慢发展为呕吐，流涎，呼吸急促，瞳孔扩散，全身无力，严重的还口吐带有血丝的泡沫；也有的表现为高度兴奋，运动失调，原地打转，尾巴高高翘起，排尿失禁，偶尔伴有癫痫和嘶哑的尖叫，继而四肢麻痹、痉挛，体温下降，于昏迷状态下死亡。

【病理变化】　尸僵完全。口腔内有少量的食物及黏液。肌肉暗红色、干燥。胃肠黏膜充血、出血，小肠黏膜有不同程度出血，肠系膜淋巴结水肿、出血。肺气肿。心内外膜有点状出血，脑膜血管扩张，充血，淤血，组织有大小不一出血点。

【防控措施】　在生产实践中，应严格掌握食盐用量标准，拌料时必须均匀。鱼粉用量不能超过混合饲料的10%，日粮中的总含盐量不应超过0.5%，平时要供应充足的饮水。

发现食盐中毒后，立即停喂更换饲料，同时增加饮水，有限制地、间隔短时间地给予多次少量饮水，每日5～7次，每次500～1 000毫升。目前尚无特效解毒药。在解救时，主要是促进食盐的排出和对症治疗，用溴化钾、硫酸镁等缓和兴奋和痉挛，同时静脉注射葡萄糖酸钙注射液，帮助恢复电解质平衡；静脉或皮下注射5%葡萄糖酸钙注射液10～25毫升，为缓解脑水肿、降低颅内压，可静脉注射25%山梨醇10毫升，每日2次，连用3天。体温降低时，根据病情可肌内或静脉注射樟脑磺酸钠注射液0.5～1.0毫升（0.05～0.10克），每日2次，也可肌内或皮下注射安钠咖0.1～0.2克，每日1次。

四、亚硝酸盐中毒

蔬菜堆放或浸泡时间过长、煮焖过久，其中的硝酸盐会转变为亚硝酸盐，饲喂毛皮动物后会引起中毒，导致中毒性高铁血红蛋白血症（变性血红蛋白血症）。

【临床症状】　采食后短时间内发病，表现为突然死亡，死前精神沉郁，食欲废绝，常出现流涎、腹痛、腹泻和呕吐，呈缺氧状，呼吸困难，肌肉颤抖，呕吐，四肢无力，步态摇晃，皮肤呈青色（白貂），黏膜发绀，脉搏增数、微弱，死前还有阵发性惊厥，兴奋而死。慢性中毒时，其表现多种多样，如流产，虚弱，分娩无力，受胎率低，步态拘谨，发育不良，增重慢，腹泻，以及维生素 A 缺乏、甲状腺肿等症状。

【病理变化】 血液呈黑色或咖啡色，似酱油样，凝固不良。全身血管扩张。气管黏膜点状出血。内脏颜色晦暗。心肌点状出血。肝脏淤血、肿大。胃肠黏膜充血。

【防控措施】 搞好蔬菜类饲料的管理工作，一是切实做好菜类的采摘运输和堆放等工作，采收时不要乱扔乱踩，运输越快越好，堆放时摊开散放；二是煮时要急火大火快煮，凉后即喂，不要小火焖煮；三是对堆放发热变黄的叶菜类弃之不用。

发现亚硝酸盐中毒病例，立即停喂、更换饲料，饮服清水、牛奶、糖水、1% 美蓝水溶液、配合维生素 C（1 毫升 / 千克体重）肌内注射，每日 1 次。

五、毒鼠药中毒

动物误食灭鼠毒饵或被毒鼠药污染的饲料和饮水，以及因吞食被灭鼠药毒死的老鼠或家禽尸体而发生中毒性疾病。灭鼠药种类繁多，大致分为抗凝血类（如敌鼠、华法令）、无机磷类（如磷化锌、黄磷等）、有机磷类（如毒鼠磷等）、有机氟类（如氟乙酰胺等）及其他（如安妥、溴甲烷等）等，常见的毒鼠药中毒有：安妥、磷化锌、敌鼠钠中毒。

【临床症状及病理变化】

1. **磷化锌中毒** 磷化锌是一种常用灭鼠药，呈灰色粉末。通常在 15 分钟至 4 小时内出现症状，引起腹痛、不食、呕吐、昏迷嗜睡、窒息、腹泻、便血。呕吐物有大蒜味，含黑血，暗处可见磷光。运动失调，狂吠，体温升高，酸中毒，最后四肢挣扎，感觉过敏，直至肌肉痉挛，由于缺氧导致死亡。尸体静脉怒张，淤血。胃肠内容物有大蒜臭味，胃肠黏膜出血，上皮脱落、糜烂，肺充血、水肿。胸膜出血、渗血，肝、肾极度充血。

2. **安妥中毒** 安妥是一种强力灭鼠药，白色无臭味结晶粉末。

中毒症状为：食入几分钟至数小时后出现呕吐、口吐白沫，继而腹泻、咳嗽、呼吸困难、精神沉郁、可视黏膜发绀、鼻孔流出泡沫状血色黏液。一般摄入后 10～12 小时出现昏迷嗜睡，少数在摄入后 2～4 小时内死亡。

3. **敌鼠钠中毒**　敌鼠钠又名双苯杀鼠酮钠，是一种国产高效灭鼠药。中毒动物主要表现为精神极度沉郁，体温升高，食欲减退，贫血，虚弱，内外出血。外出血表现为鼻出血、呕血、血尿、血便或黑粪。内出血发生在胸腹腔时，表现呼吸困难；发生在大脑、脊椎时，表现神经症状；发生在关节时，表现跛行，还可见关节腔内、皮下及黏膜下出血，皮下出血可引起皮炎和皮肤坏死，严重时鼻孔、肛门等天然孔出血，中毒量多，可表现胃出血，最终死亡。

【防控措施】严格管理饲料和饮水，使用灭鼠毒饵要十分小心，谨防毒饵混入饲料和饮水中。

磷化锌中毒可用 0.1%～0.5% 硫酸铜溶液灌服催吐，肌内注射氨茶碱 50～100 毫克或地塞米松 0.125～0.5 毫克，并给予葡萄糖液、B 族维生素补液，禁用牛奶、鸡蛋及油脂类解毒。还可以参照有机磷中毒的对症治疗。

安妥类、敌鼠钠中毒无特效的解毒药，早期可服盐类泻药，并对症治疗。

六、大葱中毒

在毛皮动物繁殖期，有的饲养场为促进发情，会在饲料中加入一定量的大葱作为催情饲料。但如果用量不当，会引起动物急性中毒，出现血尿和死亡。

【病　因】由于喂给大葱超量所致。正常喂量每只日给量 10～15 克。实践证明，每只水貂日喂大葱 30 克以上，会引起慢性中毒，70 克可引起急性中毒，90 克致死。

【临床症状】急性病例排酱油样的血尿，一次血尿量 3 毫升左右。慢性病例精神沉郁，被毛蓬乱，卧笼不起。颤抖，频排血尿，站立不稳，全身有节奏的抖动。饮欲增加，食欲废绝。两眼紧闭，眼角内有眼眵，结膜黄白色。

【病理变化】 尸体营养良好，有一定脂肪沉着，黄染。肝脏呈土黄色，质地脆弱，肿大 1.5 倍，切面外翻，流出少量酱油样血液。肾脏肿大约 1 倍，黄褐色，被膜下布满针尖大黑色出血斑。

【防控措施】 发现疑似中毒应立即停喂大葱，病兽每次皮下注射 5% 葡萄糖注射液加维生素 C、安钠咖 0.2 克，每日 2 次，肌内注射安洛西每次 1 毫升，每日 2 次，止血。采取上述措施，3 天后明显好转，7 天后恢复正常。

七、棉籽饼中毒

棉籽饼价廉且富含蛋白质，营养价值较高，但棉叶、棉籽及其副产品（棉籽饼）具有有毒成分——棉酚及其衍生物，棉酚在体内排泄缓慢，有蓄积作用。

【病　因】 用未经去毒处理的棉叶或棉籽作饲料时，一次大量喂给或长期饲喂，均可能引起中毒。妊娠母兽和幼兽对棉籽毒尤为敏感，幼兽可因吃了含棉酚的母乳而中毒。

【临床症状】 表现为精神沉郁，站立不安，消化机能紊乱，食欲减退，先便秘后腹泻，可视黏膜发黄，失明，尿呈红色；有的排煤焦油样便。棉酚在体内大量蓄积，可损害肝细胞、心肌、骨骼肌，还可干扰血红蛋白中铁的作用，导致贫血。发病妊娠母兽流产，流产的胎儿有出血、水肿等病变；产出的仔兽有的出现颤抖，酷似流行性脑炎，多数死亡。棉籽中还含有一种具环丙烯结构的脂肪酸，导致母兽卵巢和输卵管萎缩，造成发情不好或不发情；公兽性欲低，配种能力下降。

【病理变化】 肝脏受损、肿大、增生、硬化、黄染，呈脂肪肝样。腹水多呈黄色。胃肠黏膜有卡他性炎症。脾脏和淋巴结充血。心包积液，心内外膜有出血点，心肌和骨骼肌变性。胎儿发育不良，仔兽生命力弱，大小不等。

【防控措施】　发现中毒首先应立即停喂棉籽饼，同时给病兽内服硫酸亚铁、葡萄糖酸钙解毒，并注射葡萄糖注射液和复合维生素B注射液。

饲喂棉籽油或棉籽饼时，应先加热处理，由于铁能与游离的棉酚形成无毒的复合体，故在饲喂棉籽饼的同时补喂硫酸亚铁，按日粮中游离棉酚量 1∶1 计算加入饲料中。

八、动物脂肪酸败中毒

【病　因】　动物脂肪，特别是鱼类脂肪含不饱和脂肪酸多，易氧化酸败变黄，释放出一种酸败味，分解产生鱼油毒、神经毒和麻痹毒等有害物质，在低温条件下，发生缓慢的氧化。冻贮时间比较长的鱼类饲料，是引起慢性黄脂肪病的主要原因，尤其含脂肪量高的鱼更为严重，加之在饲料中不注意维生素 E 的补给或补给不足，容易引起此病。

【临床症状】　一般多以食欲旺盛或发育良好的幼龄水貂先受害致死。急性病例突然死亡。大群水貂食欲不振，精神沉郁，不愿活动出现下痢。重者后期排煤焦油样黑色稀便，或后躯麻痹、腹部尿湿，常在昏迷状态下死亡。

【病理变化】　尸体皮下组织黄染、多汁，有的皮下有出血点，皮下脂肪黄白色，湿润，有的水肿，特别是腹股沟两侧脂肪尤为严重。淋巴结增大。胸腹腔有水样黄褐色或黄红色渗出液。肠系膜呈污黄色、多汁，肠系膜淋巴结肿大。肝脏肿大，呈土黄色或红黄色，质脆弱，呈典型脂肪肝。肾脏肿大、黄染，分界不清。胃肠黏膜有卡他性炎症，附有少量黏液及褐红色内容物。直肠有少量煤焦油样黏稠稀便。慢性病例尸体消瘦，皮下组织干燥，黄染不明显，肝肿大，呈粉红、红或淡黄色。质脆，切面组织干燥。肾被膜紧张、光滑，肾实质灰黄色或污黄色。胃肠有慢性卡他性炎症。

【防控措施】 注意饲料的质量，加强冷库的管理，发现脂肪变黄或酸败的鱼、肉饲料，要及时处理或废弃。此外，以喂鱼类饲料为主的养殖场一定要注意或重视维生素 E 补给。

发病后应立即停喂变质霉败的动物性饲料，加喂维生素 E。对大群有重点地逐只检查，触摸腹股沟脂肪的变化，发现有肿块或下痢，都应列为治疗对象。病貂每天分别肌内注射维生素 E 注射液 0.5～1 毫升、复合维生素 B 注射液 0.5 毫升、青霉素 20 万单位、地塞米松 1.25 毫克，每天 1 次，连续用药 3～5 天。身体消瘦的病貂，可皮下注射 25% 葡萄糖注射液 5～10 毫升。

九、有机磷农药中毒

有机磷农药比较常见，由其引起的人和动物中毒事故也经常发生。过去我国生产的有机磷农药绝大多数为杀虫剂，如对硫磷、内吸磷、马拉硫磷、乐果、敌百虫及敌敌畏等，近几年来已先后合成杀菌剂、杀鼠剂等有机磷农药。

【病　因】 有机磷杀虫剂是一类毒性较强的接触性农药，引起毛皮动物中毒的主要途径是经由消化道，少数病例是经过皮肤或呼吸道中毒。一是误食喷洒过有机磷杀虫剂不久的蔬菜、牧草等或误饮被农药污染的饮水；二是误食拌过或浸过有机磷杀虫剂的种子；三是用药杀灭外寄生虫时药量过大；四是违反使用、保管有机磷杀虫剂安全操作规程而引起中毒。

【临床症状】 中毒兽出现食欲不振、流涎、易出汗、疝痛、呕吐、腹泻、尿失禁、瞳孔缩小、可视黏膜苍白；支气管腺分泌增加，导致呼吸促迫甚至困难，严重者可伴发肺水肿；肌肉震颤、松弛无力，脉搏加快，兴奋不安，体温升高，抽搐，呈现昏睡状态。慢性中毒症状不典型，表现食欲不振、虚弱、运动失调、腹泻、消瘦、体温下降最终因呼吸中枢麻痹而死亡。

【病理变化】 经消化道急性中毒者，胃肠内容物具有有机磷杀虫剂的特殊气味（如马拉硫磷、甲基对硫磷、内吸磷等中毒为蒜臭味；对硫磷中毒为韭菜味和蒜味；八甲磷中毒为胡椒味等）。也有些有机磷杀虫剂无任何特殊气味。胃肠黏膜充血、出血、肿胀，多呈暗红色或暗紫色、黏膜层易剥脱；肺充血、肿大；气管内常有白色泡沫存在；心内膜有形状整齐的白斑，肝、脾肿大；肾脏浑浊、肿胀，被膜不易剥落，切面为淡红色、浑浊。亚急性病例，胃肠黏膜发生坏死性炎症，肠系膜淋巴结肿大、出血；胆囊肿大出血；肝脏发生坏死；黏膜下和浆膜有散在的出血点和出血斑，各实质器官发生浑浊、肿胀；肺淋巴结肿胀、出血。

【防控措施】　做好农药的安全使用和保管；喷洒过农药的田地，7 天之内毛皮动物不得进入，蔬菜不得喂兽；按规定的用量应用有机磷杀虫剂治疗毛皮动物寄生虫病和灭蝇杀虫。

发生中毒首先应切断毒物的来源，阻止毒物进一步吸收。皮肤接触引起的中毒使用大量清水冲洗，摄入中毒的即刻催吐，并用活性炭洗胃。

对中毒的动物静脉注射阿托品以缓解症状，0.2 毫克 / 千克体重即可见效，以瞳孔放大、流涎减少为准；静脉注射特效解毒剂解磷定或氯磷定，20 毫克 / 千克体重，每天 2 次，连用 2～3 天。

第五节　营养性疾病

一、维生素 A 缺乏症

维生素 A 缺乏症是以引起上皮细胞角化为特征的一种营养缺乏性疾病。

【病　因】　饲料中维生素 A 达不到需要量，或日粮由于储存过久、氧化、腐败变质及调配不当等使日粮中维生素 A 遭到破坏，或因消化道疾病影响维生素 A 的吸收，是引起本病的主要原因。

【临床症状】　主要表现皮肤和黏膜角质化。发生神经纤维髓鞘磷脂变性，母兽发生滤泡变性，公兽曲细精管上皮变性，从而导致繁殖机能下降。一般当维生素 A 不足时，经过 2～3 个月出现临床症状。早期症状是神经失调，抽搐，头向后仰，失去平衡而倒下，应激反应增强，受到微小的刺激便高度兴奋，沿笼转圈，步履摇晃。幼仔肠道机能受到不同程度的破坏，出现腹泻症状，粪便中混有大量黏膜和血液；有时出现肺炎症状，生长迟缓，换牙缓慢。

【防控措施】 预防本病的发生首先应保证日粮中维生素 A 的供给量，注意饲料中蔬菜、鱼和肝的供给。治疗本病可在饲料中添加维生素 A，治疗量是需要量的 5～10 倍。

二、维生素 E- 硒缺乏症

维生素 E 和硒是动物体内不可缺少的抗氧化物，两者协同作用，共同抗击氧化物对组织的损伤，两种物质的缺乏症状基本相似，临床上也提倡同补，因此对这两种疾病作共同叙述。

【病　因】 ①饲料中维生素 E、硒含量不足，饲料中不饱和脂肪酸含量过高，或脂肪酸酸败，破坏了饲料中的维生素 E。②肝脏疾病引起，如肝球虫病，影响维生素 E 的贮存和吸收，从而导致发病。

【临床症状】 母体缺乏维生素 E 时，表现发情期拖延、不孕和空怀增加，生下的幼仔精神萎靡，虚弱，无吸乳能力，死亡率增高；公兽表现性欲减退或消失，精子生成机能障碍。营养好的狐脂肪黄染、变性，多于秋季突然死亡。

【防控措施】 根据毛皮动物的不同生理时期提供足量的维生素 E，在饲料不新鲜时，要加量补给维生素 E。种子胚芽中维生素 E 含量最高，大麦芽、苜蓿草的含量较高。患某些肝病时，或妊娠期对维生素 E 需求增加时，可考虑在饲料中直接补充维生素 E。

治疗主要是补充维生素 E，维生素 E 和硒有协同作用，也可同时补硒。群体缺乏时，可按维生素 E 10～15 毫克 /100 千克饲料、硒 0.022 毫克 /100 千克饲料的量拌料，连用 5～7 天，也可长期饲喂。个体治疗，维生素 E 1 000 国际单位，每天 2 次，连用 2～3 天，同时应用0.2%亚硒酸钠1毫升，每隔3～5天内注射1次，共用2～3次。

三、B族维生素缺乏症

B族维生素是一类低分子有机化合物，属于水溶性维生素。毛皮动物所需要的B族维生素主要包括硫胺素（维生素 B_1）、核黄素（维生素 B_2）、泛酸（维生素 B_3）、吡哆素（维生素 B_6）、生物素（维生素 B_7）、烟酸（维生素 PP）、叶酸（维生素 B_{11}）、胆碱等。其主要作用有：预防口腔溃疡，参与机体能量代谢，调节脂肪代谢，防止溢脂性皮炎，维持正常消化功能，预防胎儿畸形，维持毛发、指甲健康。

【病　因】　日粮中B族维生素含量不足；饲料加工调制不当，使饲料中B族维生素被破坏；肠道疾病，使肠道不能合成足量的B族维生素，均可造成本病的发生。

【临床症状】　患病动物消瘦，厌食，生长缓慢，被毛粗糙、易脱落脱色。消化机能低下，腹泻或便秘。贫血，运动失调，麻痹，抽搐，昏迷，死亡。

维生素 B_1，缺乏以多发性神经炎、肌肉萎缩、组织水肿、心脏扩大、循环失调及胃肠症状为主要特征，表现为后肢瘫痪、痉挛、运动失调、昏迷。

维生素 B_2，又叫核黄素，是参与能量代谢的酶系统的组成成分，因冬季毛皮动物需要大量的能量来维持体温，故冬季常发生核黄素不足，能量释放困难，会引起各项机能降低。表现为被毛粗乱，脱毛，流泪，流涎，出现唇炎、口角炎、舌炎、鼻及脸部的脂溢性皮炎。

维生素 B_6，又叫吡哆素。缺乏时，易患皮炎，鼻端和爪出现疮痂，眼睛发生结膜炎，神经系统受损，表现运动失调、痉挛、瘫痪，最终死亡。

维生素 B_7，又叫生物素。因其易被某些氨基酸复合体转化为不能吸收的形式，导致缺乏，表现脱毛、皮炎、痉挛等临床症状。

维生素 B_{11}，又叫叶酸。缺乏时，发生巨红细胞性贫血，生长缓慢。

维生素 B_{12}，又叫抗恶性贫血维生素。缺乏时，表现生长缓慢、贫血，消瘦，黏膜苍白；幼兽发育停滞，出现胃肠炎，腹泻、便秘等。血液稀薄，肝脏变黄变脆，肝细胞坏死和脂肪变性。

胆碱缺乏时，表现被毛粗糙，中毒贫血，肌肉萎缩，四肢无力，衰竭死亡。

【防控措施】 供给全价配合饲料。注意饲料中动物性原料和酵母的使用。当出现 B 族维生素缺乏症状时，饲料中应及时添加复合维生素 B，连用 3～5 天，会取得明显效果。及时查明原因，迅速更改饲料配方，添加缺乏的维生素或含维生素的饲料原料。

四、钙磷代谢障碍

钙磷代谢障碍是引起佝偻病的原因之一。

【病　因】 食物中钙磷的比例失调；妊娠、哺乳期及正在生长发育的幼仔，对钙需要量大，也可发生钙缺乏症。维生素 D 缺乏时，会影响钙的吸收利用。

【临床症状】 最典型表现是：肢体变形，两前肢肘外向呈"O"形腿，有的病兽肘关节着地。最先发生于前肢骨，接着是后肢骨和躯干变形。肋骨和软骨结合处变形肿大呈念珠状。仔兽佝偻病表现为头大，腿短弯曲，腹部增大下垂。有的仔兽不能用脚掌走路和站立，而用肘关节移行，由于肌肉松弛，关节疼痛，步态拘谨，多用后肢负重，呈现跛行。病兽抵抗力下降，易感冒或感染传染病。

【防控措施】 合理调整饲料中的钙磷的比例，对处于妊娠、哺乳期的母体及正在生长发育的幼仔及时补充维生素 D 及含钙物质。

治疗常用维生素 D 油剂或鱼肝油，每日剂量为狐、貉 1 500～2 000 国际单位，水貂 500～1 000 国际单位，持续 2 周，以后转为预防量。

五、维生素 C 缺乏症

当毛皮动物幼仔缺乏维生素 C 时，常引起"红爪病"。

【病　因】　哺乳期，母体内维生素 C 的缺乏或者合成量不足所致。

【临床症状】　1 周以内的幼仔患红爪病，其特征性症状是：四肢水肿，皮肤高度潮红，关节变粗，趾垫肿胀变厚，尾部水肿。经过一段时间以后，趾间溃疡、龟裂。妊娠期母狐严重缺乏维生素 C，则仔狐在胚胎期或出生后发生脚掌水肿，开始时轻微，之后逐渐严重，出生后第二天脚掌伴有轻度充血，此时尾端变粗，皮肤潮红。患病仔狐常发出尖叫，到处乱爬，头向后仰，精力衰竭。幼仔不能吮吸母乳，导致乳腺硬结，母兽表现不安，拖拉幼仔，甚至咬死幼仔。

【防控措施】　预防本病要保证饲料中维生素种类齐全、数量充足。在喂不新鲜的蔬菜时，一定要补加维生素 C 精制品，每日每只 20 毫克以上。维生素 C 在高温时易分解，一定要用凉水调匀。母兽产仔后，要及时检查，如发现红爪病，应及时治疗。可以用滴管给幼仔经口投给 3%～5% 维生素 C 溶液，每日每只 1 毫升，每日 2 次，直到肿胀消除为止。对病情严重者，可皮下注射 3%～5% 维生素 C 溶液，一次 1～2 毫升，每天 1 次，连续注射 3 天，隔 3 天后，再注射一个疗程。

六、自　咬　症

自咬症是毛皮动物人工养殖多年来常见的一种损耗性疾病。

【病　因】

1. 环境温度影响　毛皮动物野生状态下多为昼伏夜出的穴居动物，自然的洞穴湿度大且通风性差，而人工笼舍饲养离地面高，环境干燥，如果防晒设施不完全，温度过高，加上严重噪声影响，扰乱机体正常生物防御机能，易导致发生此病。

2. **营养缺乏** 蛋白质、维生素、微量元素摄入不合理，饲料中杂鱼比例过高（70% 以上）。据报道，只用配合饲料而未掺入动物肉或油的饲养法，自咬症发病的数量就多。

3. **脂肪少** 饲料脂肪含量低。从发病规律看，脂肪少是其中的主要方面。

【临床症状】 狐自咬症发病急，发作时咬住尾巴或后肢等不松嘴，有时甚至把后腿咬烂，因继发感染而死亡，或将尾巴全部咬断。自咬部位因个体而异，但每只动物自咬的位置不变。发病时间多在喂食前后或有意外声音刺激时。

【防控措施】 自咬症发病率高的，尤其是沿海地区以海杂鱼为主要动物性饲料的养殖场，应减少饲料中海杂鱼的比例，适当添加动物肝脏，如鸡肝、兔肝等，同时添加适量微量元素及维生素，对自咬症有较好的预防作用。饲喂品种多样、营养全价的饲料，蛋白质水平不要超出标准。加喂占饲料总量 1%～2% 的羽毛粉，可减少发病。

目前本病尚无特异性疗法，一般多采用镇静疗法并进行外伤处理。用盐酸氯丙嗪 0.25 克、乳酸钙 0.5 克、复合维生素 B 0.1 克，研碎混匀，分成 2 次，混入 2 千克饲料中饲喂，每天喂 2 次，每次喂 1 份，连喂 10 天以上。将咬伤的部位用 3% 双氧水处理后，涂以碘酊，撒少许高锰酸钾粉即可。为防止继发感染，可给病狐肌内注射青霉素 10 万～20 万单位。也可剪掉病狐的犬齿或给病狐带上夹板，以防咬伤部面积扩大。对因螨虫病（特别是耳螨）引起的自咬症，用药物驱螨，即可停止自咬症的发作。

第六节 产 科 病

一、流 产

流产是毛皮动物妊娠中后期发生妊娠中断的一种表现形式，从生殖道内流出死亡或者发育不全的胎儿。

【病　因】 引起毛皮动物流产的原因有很多，主要有饲料营养不全价，缺乏矿物质和维生素，饲料霉烂变质或冷藏过久，妊娠母兽患某些传染病或子宫炎等慢性病，生殖细胞缺陷、母体内环境异常及机械性因素等原因均可引起流产，其中以饲料不新鲜或腐败引起的流产最为常见。环境中有较大刺激，例如强光、高音等会引发大批流产。如果环境中存在大量有害物质也会导致流产。老化的精子和卵子结合，胚胎的生长发育可能会发生异常，大多数于发育早期死亡；卵子异常、胚浆缺损和染色体异常是早期流产的重要原因。孕酮量不足或黄体机能减退可以导致流产。即使是到了妊娠后期，如果母体激素发生异常，也会发生自发性流产。大肠杆菌、葡萄球菌、胎儿弧菌、布鲁氏菌及狐加德纳氏病等感染，某些病毒感染（如犬瘟热、细小病毒感染、传染性肝炎等）和肿瘤等也能导致流产。另外，腹部受到损伤、碰撞、冲击等都能发生流产。有时看不到流产的过程及排出的胎儿，只是看到阴道流出分泌物，流产动物经常吃掉胎儿。

【临床症状】 毛皮动物多发生隐性流产，常常看不到流产的胎儿，但是有时在笼网上或地面上能看到残缺的胎儿或者血迹，从阴道内流出恶露，呈红黑色、膏状。母兽食欲不好或者拒食。

【诊　断】 临床上很多病原微生物，如：沙门氏菌、葡萄球菌、狐阴道加德纳氏菌、布鲁氏菌、肺炎球菌等，均能够引发妊娠动物流产，因此要仔细辨别，必要时进行病原分离鉴定，根据不同情况治疗。对病因不详的自发性流产母兽须进行全面检查，查明营养状况、有无内分泌疾病或其他疾病；仔细触诊腹壁，确定子宫内是否还存有胎儿。

【防　治】 对已经发生流产的母兽要防止子宫炎和自身中毒。可以肌内注射青霉素 10 万～20 万单位，每日 2 次；为了提高其食欲，可以注射复合维生素 B 注射液 0.5～1.0 毫升。对于不完全流产的母兽进行保胎治疗，可以注射复合维生素 E 注射液，肌内注射保胎药物 1% 黄体酮（银狐、北极狐、貉 0.3～0.5 毫升；水貂 0.1～0.2 毫升）。对已经确认为死胎者，可以先注射缩宫素 1.0～2.0 毫升，产出死胎，再按照上述方法治疗。

对于刚出现流产征兆大群中的假定健康兽，要更换饲料，并采取以下方案：①大群饲喂阿莫西林 30 毫克 / 千克体重，3 次 / 天，连用 4～5 天；同时用庆大霉素 8 万单位混料 1 千克，连续饲喂 4～5 天。饲料中加喂维生素 E，连续应用 7～10 天。②大群饲喂阿莫西林 30 毫克 / 千克体重，3 次 / 天，连用 4～5 天；同时用黏杆菌素 1 克混料 12 千克，连续饲喂 4～5 天。饲料中加喂维生素 E，连续应用 7～10 天。

预防本病主要是加强饲养管理。在整个妊娠期，保证饲料全价、蛋白质充足、新鲜、组成稳定。另外，要防止妊娠母兽应激，养殖场要保持安静，防止意外惊动。

二、难　产

毛皮动物在正常饲养管理条件下，一般很少发生难产。但是当饲养管理不当时，也会发生难产。

【病　因】 母兽在妊娠期间喂给腐败变质饲料；饲料成分经常变化，造成了妊娠母兽食欲波动或拒食；在母兽妊娠前期，饲料营养过剩，使母体过胖；由于胎儿发育不均，生命力弱，大小不等；死胎、畸形胎、胎儿水肿；母体产道狭窄；胎势、胎位异常等，都是发生难产的原因。

【症　状】 大多数妊娠母兽会在超出预产期时发病，表现不安，不断出入产箱内外，来回奔走，并伴有呼吸急促；有分娩行为，努责、排便，并发出痛苦的呻吟；有的从阴道流出褐红色血样分泌物，后躯活动也不灵活，常常两后肢拖地前进，母兽时而回视腹部，不断地舔舐外阴部；也有的胎儿前端露出外阴，夹在阴道内久产不下来；母兽体力衰竭，精神萎靡，子宫阵缩无力，往往钻进小室内蜷缩于垫草下不动，严重者昏迷。

【诊 断】 根据母兽已到预产期，并具备临产的表现，不见胎儿娩出，母兽进出小室不安，阴道内有血污排出，时间已超过24小时，可以视为难产。

【治 疗】 母兽如出现临产症状，但是长时间不见产出仔兽，并且羊水已流出，胎儿嵌于生殖孔分娩不出来，此时可进行人工催产。狐狸、貉母兽肌内注射脑垂体后叶素或催产素1单位，间隔20～30分钟，可重复注射1次；经24小时仍不见胎儿产出，可行人工助产。水貂母兽肌内注射脑垂体后叶素或催产素0.1～0.3单位，经2～3小时后，仍不见胎儿娩出时，可行人工助产。

助产时，首先用0.1%高锰酸钾或新洁尔灭溶液做外阴消毒，然后用甘油或豆油做阴道润滑处理，用开膣器撑开阴道，然后用长嘴疏齿止血镊子将胎儿拉出。如果经催产、助产无效时，可实施剖腹产取胎，以挽救母兽和胎儿生命。

三、不 孕

不孕是由于各种因素而使母兽生殖机能暂时丧失或者降低。另外，毛皮动物在生产上会出现空怀现象，空怀是对未孕母兽的一种称谓。

【病 因】 引起母兽不孕的因素有很多，总的来说包括先天性不孕和后天获得性不孕2种。先天性不孕是由于先天性或者遗传性因素导致生殖器官发育异常或者畸形。后天获得性不孕包括很多方面：营养性因素，如营养过剩而肥胖、维生素缺乏等；管理因素，如运动不足、卫生不良等；繁殖技术因素，如在母兽发情期内没有及时让公兽配种，人工授精时稀释液质量不合格或公兽体弱等；环境气候因素，毛皮动物是季节性发情动物，光照、气候的变化可能会影响卵泡的发育，如水貂对光照时间及强度敏感等；疾病性因素，如产后护理不当，流产、难产等引起子宫、阴道感染，卵巢、输卵管疾病及影响生殖机能的其他疾病，使生殖器官受到损害，或者影响生殖机能的疾病如沙门氏菌病、结核病、布鲁氏菌病等导致母兽不孕。

【防治措施】 要做到较好的防治效果，要首先找到引起不孕的原因，然后调查它在兽群中发生和发展的规律，再制定切实可行的计划，最后采取具体有效的措施，消除不孕。可以从以下几个方面入手：①保证养殖场周围环境不受污染，搞好养殖场卫生。养殖场内的空气、温度、湿度、噪声、棚舍内的光照强度等都可以直接或间接导致母兽屡配不孕，所以应选择避风向阳、冬暖夏凉、地势平坦、排水良好适宜母兽生育繁殖的环境，这是避免母兽不孕的重要条件之一。②加强母兽的饲养管理。营养是影响母兽繁殖力的重要因素之一，对肥胖的母兽要停止或减少精饲料喂量，增加运动；对于营养不足的母兽来说，营养不足往往会导致不发情或发情周期紊乱和早期胚胎死亡等，要加强饲养。因此，在饲养上必须满足母兽的营养需要，特别是蛋白质、矿物质和维生素的需要量。③及时诊断治疗各类引起不孕的产科疾病。如果发生卵泡囊肿和卵巢肿大，要立即使用抗菌消炎药物，如肌内注射青霉素10万单位/千克体重，2次/天，连用2～3天，待囊肿消除、卵巢正常、卵泡发育成熟将要排卵时，方可交配。如果发生持久黄体，要注射前列腺素30毫克，降低血中孕酮含量，促使黄体溶解消退，再注射卵泡刺激素，待卵泡生成发育成熟后，方可交配。④要避免助产不当造成继发感染引起的不孕。

四、乳房炎

乳房炎又名乳腺炎，是乳腺受到物理、化学、微生物刺激，感染病菌而发生的一种炎性变化。临床上表现出乳房肿大、质硬、化脓、乳汁变性等症状。

【病　因】 毛皮动物乳房炎多数是乳腺感染病原微生物而引起的。在毛皮动物中，乳房炎的常见感染致病菌以葡萄球菌和链球菌为主，并且常呈混合感染。机械性损伤、乳汁积滞、应激等都是诱发该病的重要因素。例如，笼舍破损、垫草粗硬、母兽乳头与笼面长期摩擦，导致乳头外伤；母兽泌乳量不足，导致仔兽抢吮而咬伤乳头，为病菌感染乳腺创造了有利条件。此外，母兽泌乳过多，仔兽吃不完或仔兽死亡均可使乳汁在乳腺内积滞酸败，导致病菌的大量繁殖，容易造成淤滞性乳房炎。

【临床症状】　母兽表现精神不安，常常在笼网内徘徊，不愿进小室，并且拒绝给仔兽喂乳，有的母兽会把仔兽叼出小室，不去护理；母兽食欲减退或废绝，严重时精神沉郁，喜饮水。由于仔兽不能及时哺乳常发出尖叫声，导致发育迟缓，被毛蓬乱，消瘦，直至病死、饿死。

触诊患兽乳腺红肿、发热，乳房基部常形成纽扣大小的硬结，有的乳房有伤痕、破溃、化脓，并且流出黄红色脓汁。对于慢性病例，乳房常发生结缔组织增生，致使乳房硬肿。

【诊　断】　根据母兽不愿护理仔兽，并且在室外徘徊，仔兽发育迟缓，腹部不饱满，可以怀疑为乳房炎。对母兽进行乳房检查可确诊。

【预　防】　消灭病原、提高动物的自身抵抗力对预防乳房炎至关重要。首先，消灭病原，产前要进行严格的消毒。对食槽、笼具、饮水器等要彻底消毒，产房内的垫草、粪便、废弃物应送往远离养殖场的地方进行无害化处理。其次，保证舍内安静，避免机械损伤。在母兽进产房前，对破损的笼具进行修补，并且清除笼舍内铁丝、玻璃、木屑等异物；选择柔软垫草，最好不用有芒刺的垫草；同时，在产仔期和哺乳期要保持舍内安静和无异常刺激，以防机械或惊吓所致外伤，减少乳房感染机会。要经常注意观察，及时发现病兽。产后要经常观察母兽的哺乳行为和产仔情况，发现异常要及时处理。加强饲养管理，增强动物的抗病能力。除了注重日常的饲养管理外，在乳房炎高发的泌乳期，要按"多投精喂，保持安静，供足饮水"的方式来加强护理，保证动物体质健康，增强其抗病能力。

【治　疗】　将病兽待哺乳仔兽分散到各个健康母兽，帮助哺乳仔兽，防止仔兽食用变质奶后患病死亡。乳房炎难于治愈，如个别发生，应尽快淘汰出种兽行列。如需治疗可参考以下方案：在炎症初期，乳房红肿、硬结尚未化脓时，每日多次按摩患兽乳房，挤出乳汁；对于有硬结的，应采用先冷敷后热敷的方式促进炎性物质的吸收，为达到快速消炎、控制感染的目的，可肌内注射青霉素、链霉素等消炎药物。如果乳房已经感染化脓时，不可以对其进行按摩，可以用 0.1% 普鲁卡因 5 毫升、青霉素或链霉素 20 万单位，在炎症周围健康部位进行点状封闭。当局部化脓破溃时，则先需切开排脓，然后用 0.1%～0.3% 雷夫奴尔、过氧化氢、利凡诺等洗创液洗涤局部，再涂以消炎药物；同时肌内注射抗生素，一般貂、貉每次 20 万单位青霉素（狐加倍），每日 2 次，连用 3～4 天。对于乳房坏死者，应切除坏死组织，涂以消炎软膏。对拒食的母兽，可静脉、皮下或腹腔注射 5%～10% 葡萄糖 100～200 毫升，维生素 C 和复合维生素 B 各 0.5～1.0 毫升，每天 1 次，进行辅助治疗，效果显著。